1일 10분 초등 메가 계산력

6권

초등 3학년

자기 주도 학습력을 기르는 1일 10분 공부 습관!

☑ 공부가 쉬워지는 힘, 자기 주도 학습력!

자기 주도 학습력은 스스로 학습을 계획하고, 계획한 대로 실행하고, 결과를 평가하는 과정에서 향상됩니다.
이 과정을 매일 반복하여 훈련하다 보면 주체적인 학습이 가능해지며 이는 곧 공부 자신감으로 연결됩니다.

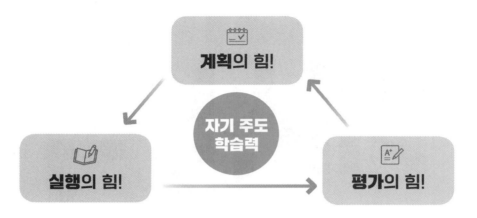

☑ 1일 10분 시리즈의 3단계 학습 로드맵

〈1일 10분〉 시리즈는 계획, 실행, 평가하는 3단계 학습 로드맵으로 자기 주도 학습력을 향상시킵니다.
또한 1일 10분씩 꾸준히 학습할 수 있는 **부담 없는 학습량**으로 매일매일 공부 습관이 형성됩니다.

❶ 단계 학습 계획하기

주 단위로 학습 목표를 확인하고 학습할 날짜를 스스로 계획하는 과정에서 자기 주도 학습력이 향상됩니다.

❷ 단계 학습 실행하기

1일 10분 주 5일 매일 일정 분량 학습으로, 초등 학습의 기초를 탄탄하게 잡는 공부 습관이 형성됩니다.

❸ 단계 결과 평가하기

학습을 완료하고 계획대로 실행했는지 스스로 진단하며 성취감과 공부 자신감이 길러집니다.

핵심 개념

✚ 교과서 개념을 바탕으로 연산 원리를 쉽고 재미있게
이해할 수 있습니다.

연산 응용 학습

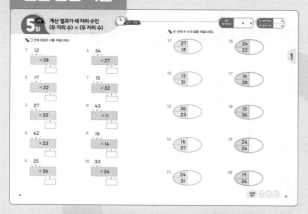

✚ 생각하며 푸는 연산으로 계산 원리를 완벽하게
이해할 수 있습니다.

연산 연습과 반복

✚ 1일 10분 매일 공부하는 습관으로 연산 실력을
키울 수 있습니다.

생각 수학

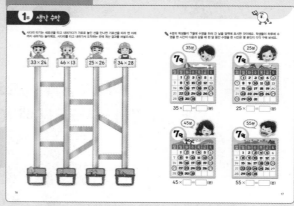

✚ 한 주 동안 공부한 연산을 활용한 문제로
수학적 사고력과 창의력을 키울 수 있습니다.

계산 결과가 세 자리 수인
(두 자리 수) × (두 자리 수)

✅ 트럭 한 대에 상자 18개를 실을 수 있어요. 트럭 16대에 실을 수 있는 상자는 모두 몇 개인가요?

$$
\begin{array}{r}
1\,8 \\
\times\ 1\,6 \\
\hline
1\,0\,8
\end{array}
\ \rightarrow\
\begin{array}{r}
1\,8 \\
\times\ 1\,6 \\
\hline
1\,0\,8 \\
1\,8\,0
\end{array}
\ \rightarrow\
\begin{array}{r}
1\,8 \\
\times\ 1\,6 \\
\hline
1\,0\,8 \\
1\,8\,0 \\
\hline
2\,8\,8
\end{array}
$$

- $18 \times 6 = 108$
- $18 \times 10 = 180$
- $108 + 180 = 288$

➡ 16＝6＋10이므로 6과 10으로 나누어 계산해요.
18에 6을 먼저 곱하고, 18에 10을 곱한 다음 두 곱을 더해요.

> $18 \times 16 = 288$이므로 트럭 16대에 실을 수 있는 상자는
> 모두 288개예요.

✅ 계산 결과가 세 자리 수인 (두 자리 수) × (두 자리 수) 구하기

세로셈

```
      3  4
  ×   2  5
  1  7  0     ← 34×5=170
  6  8  0     ← 34×20=680
  8  5  0     170+680=850
```

```
      1  7
  ×   2  3
      5  1
   3  4
   3  9  1
```

> 십의 자리 수와의 곱에서 0은 생략하여 나타낼 수 있어요.

가로셈

$26 \times 14 = 364$

```
      2  6
  ×   1  4
  1  0  4
   2  6
   3  6  4
```

주의

```
      3  2
  ×   1  3
      9  6
      3  2
   1  2  8
```

(×)

> 13에서 1은 10을 나타내므로 32×10으로 계산해야 하는데 32×1로 계산해서 틀렸어요.

📒 개념 쏙쏙 노트

- 계산 결과가 세 자리 수인 (두 자리 수) × (두 자리 수)
  ① (두 자리 수) × (몇)과 (두 자리 수) × (몇십)을 각각 구합니다.
  ② 구한 두 곱을 더합니다.

✏️ 계산해 보세요.

1
```
    1 5
  × 3 9
```

2
```
    2 4
  × 2 2
```

3
```
    1 5
  × 3 5
```

4
```
    3 4
  × 2 8
```

5
```
    3 6
  × 2 1
```

6
```
    4 3
  × 1 2
```

7
```
    1 4
  × 3 7
```

8
```
    1 3
  × 6 2
```

9
```
    1 4
  × 2 3
```

10
```
    2 7
  × 3 2
```

11
```
    4 3
  × 2 2
```

12
```
    2 6
  × 3 4
```

✏ 계산해 보세요.

13
$$\begin{array}{r} 1\ 2 \\ \times\ 3\ 6 \\ \hline \end{array}$$

18
$$\begin{array}{r} 2\ 2 \\ \times\ 2\ 6 \\ \hline \end{array}$$

23
$$\begin{array}{r} 2\ 9 \\ \times\ 2\ 8 \\ \hline \end{array}$$

14
$$\begin{array}{r} 1\ 8 \\ \times\ 2\ 7 \\ \hline \end{array}$$

19
$$\begin{array}{r} 1\ 3 \\ \times\ 2\ 2 \\ \hline \end{array}$$

24
$$\begin{array}{r} 3\ 2 \\ \times\ 2\ 2 \\ \hline \end{array}$$

15
$$\begin{array}{r} 3\ 8 \\ \times\ 1\ 5 \\ \hline \end{array}$$

20
$$\begin{array}{r} 2\ 6 \\ \times\ 3\ 1 \\ \hline \end{array}$$

25
$$\begin{array}{r} 1\ 2 \\ \times\ 1\ 2 \\ \hline \end{array}$$

16
$$\begin{array}{r} 2\ 5 \\ \times\ 1\ 8 \\ \hline \end{array}$$

21
$$\begin{array}{r} 2\ 1 \\ \times\ 2\ 4 \\ \hline \end{array}$$

26
$$\begin{array}{r} 1\ 4 \\ \times\ 1\ 2 \\ \hline \end{array}$$

17
$$\begin{array}{r} 1\ 2 \\ \times\ 1\ 4 \\ \hline \end{array}$$

22
$$\begin{array}{r} 1\ 8 \\ \times\ 2\ 8 \\ \hline \end{array}$$

27
$$\begin{array}{r} 2\ 4 \\ \times\ 2\ 8 \\ \hline \end{array}$$

1주

스스로 평가 😄 ☺ ☹

도전! 10분!

🖉 계산해 보세요.

1
```
    1 3
×   3 8
```

2
```
    2 3
×   2 7
```

3
```
    4 5
×   1 6
```

4
```
    3 5
×   1 8
```

5
```
    2 8
×   2 5
```

6
```
    1 3
×   6 2
```

7
```
    2 4
×   1 6
```

8
```
    1 4
×   1 2
```

9
```
    1 6
×   1 7
```

10
```
    1 1
×   7 3
```

11
```
    1 5
×   1 3
```

12
```
    1 8
×   2 2
```

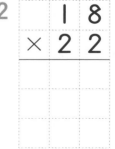

✏️ 계산해 보세요.

13
$$\begin{array}{r} 1\ 4 \\ \times\ 1\ 3 \\ \hline \end{array}$$

18
$$\begin{array}{r} 1\ 7 \\ \times\ 1\ 9 \\ \hline \end{array}$$

23
$$\begin{array}{r} 7\ 7 \\ \times\ 1\ 2 \\ \hline \end{array}$$

14
$$\begin{array}{r} 2\ 9 \\ \times\ 1\ 3 \\ \hline \end{array}$$

19
$$\begin{array}{r} 1\ 8 \\ \times\ 1\ 4 \\ \hline \end{array}$$

24
$$\begin{array}{r} 4\ 3 \\ \times\ 1\ 5 \\ \hline \end{array}$$

15
$$\begin{array}{r} 2\ 6 \\ \times\ 1\ 8 \\ \hline \end{array}$$

20
$$\begin{array}{r} 4\ 2 \\ \times\ 1\ 9 \\ \hline \end{array}$$

25
$$\begin{array}{r} 3\ 7 \\ \times\ 1\ 4 \\ \hline \end{array}$$

16
$$\begin{array}{r} 1\ 7 \\ \times\ 2\ 4 \\ \hline \end{array}$$

21
$$\begin{array}{r} 6\ 2 \\ \times\ 1\ 2 \\ \hline \end{array}$$

26
$$\begin{array}{r} 2\ 8 \\ \times\ 2\ 6 \\ \hline \end{array}$$

17
$$\begin{array}{r} 1\ 3 \\ \times\ 2\ 1 \\ \hline \end{array}$$

22
$$\begin{array}{r} 3\ 8 \\ \times\ 1\ 9 \\ \hline \end{array}$$

27
$$\begin{array}{r} 1\ 4 \\ \times\ 1\ 4 \\ \hline \end{array}$$

1주

스스로 평가 😄 ☺ 🙁

✏️ 계산해 보세요.

1 12 × 31

5 23 × 22

9 22 × 41

2 37 × 24

6 16 × 36

10 25 × 34

3 15 × 36

7 18 × 27

11 26 × 25

4 25 × 32

8 36 × 15

12 19 × 32

✏️ 계산해 보세요.

13 15×14

14 21×27

15 33×23

16 28×11

17 37×25

18 26×25

19 19×32

20 32×17

21 52×18

22 16×18

23 63×15

24 22×28

25 43×16

26 77×12

27 17×26

28 24×13

29 47×21

30 48×17

31 18×38

32 16×15

33 19×42

스스로 평가　😄 🙂 😞

✏️ 계산해 보세요.

1 25 × 21

2 14 × 43

3 32 × 17

4 27 × 26

5 25 × 27

6 26 × 32

7 15 × 14

8 28 × 35

9 27 × 16

10 15 × 55

11 13 × 42

12 36 × 25

🖊 계산해 보세요.

13 18×18

14 41×13

15 26×21

16 32×27

17 16×31

18 52×16

19 64×14

20 42×15

21 52×18

22 76×13

23 15×43

24 49×14

25 39×22

26 24×17

27 17×17

28 24×13

29 73×12

30 58×14

31 42×17

32 28×24

33 33×22

5일 응용 계산 결과가 세 자리 수인 (두 자리 수) × (두 자리 수)

✏️ □ 안에 알맞은 수를 써넣으세요.

1
12
× 38

□

6
34
× 27

□

2
17
× 32

□

7
15
× 32

□

3
27
× 32

□

8
43
× 11

□

4
42
× 23

□

9
16
× 14

□

5
25
× 36

□

10
33
× 24

□

빈 곳에 두 수의 곱을 써넣으세요.

11 27, 18

12 13, 31

13 36, 23

14 16, 37

15 24, 31

16 24, 22

17 16, 38

18 15, 36

19 24, 24

20 19, 34

스스로 평가

✏️ 사다리 타기는 세로선을 타고 내려가다가 가로로 놓인 선을 만나면 가로선을 따라 맨 아래까지 내려가는 놀이예요. 사다리를 타고 내려가서 도착하는 곳에 계산 결과를 써넣으세요.

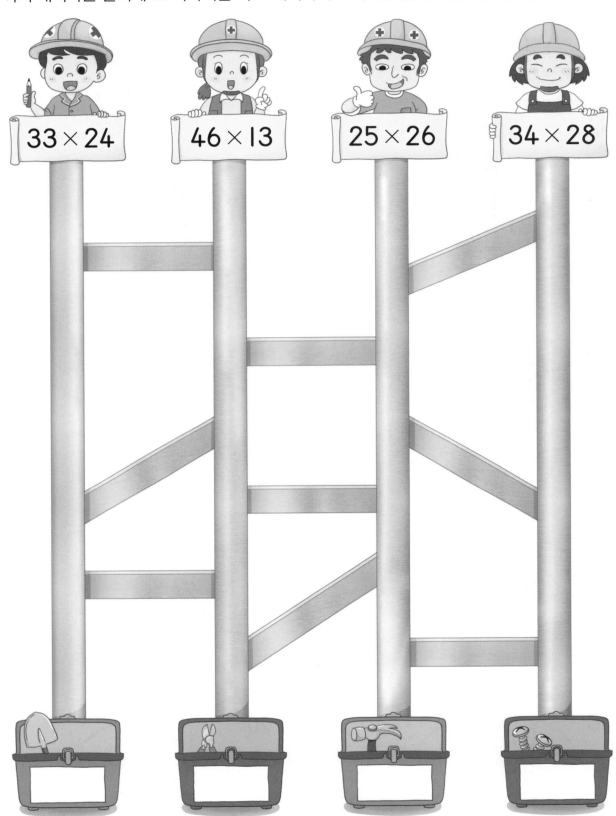

33 × 24   46 × 13   25 × 26   34 × 28

✎ 4명의 학생들이 7월에 수영을 하러 간 날을 달력에 표시한 것이에요. 학생들이 하루에 수영을 한 시간이 다음과 같을 때 한 달 동안 수영을 한 시간은 몇 분인지 각각 구해 보세요.

35 × ☐ = ☐ (분)

25 × ☐ = ☐ (분)

45 × ☐ = ☐ (분)

55 × ☐ = ☐ (분)

계산 결과가 네 자리 수인
(두 자리 수) × (두 자리 수)

✅ 동물원에서 원숭이들이 하루에 먹는 바나나는 45개라고 해요. 원숭이들이 25일 동안 먹는 바나나는 모두 몇 개인가요?

```
    4 5              4 5              4 5
  × 2 5            × 2 5            × 2 5
  2 2 5     →      2 2 5     →      2 2 5      45×5=225
                   9 0 0            9 0 0      45×20=900
                                  1 1 2 5      225+900=1125
```

➡ 25=5+20이므로 5와 20으로 나누어 계산해요.
45에 5를 먼저 곱하고, 45에 20을 곱한 다음 두 곱을 더해요.

45×25=1125이므로 원숭이들이 25일 동안 먹는 바나나는
모두 1125개예요.

✔️ 계산 결과가 네 자리 수인 (두 자리 수) × (두 자리 수) 구하기

세로셈

$$
\begin{array}{ccccc}
 & & & 4 & 9 \\
\times & & & 3 & 6 \\
\hline
 & & 2 & 9 & 4 \\
 & 1 & 4 & 7 & 0 \\
\hline
 & 1 & 7 & 6 & 4 \\
\end{array}
$$

$49 \times 6 = 294$

$49 \times 30 = 1470$

$294 + 1470 = 1764$

➡ (두 자리 수) × (몇)과
(두 자리 수) × (몇십)을
각각 구한 후 두 곱을 더해요.

> 십의 자리의 곱은 0을 생략하여
> 나타낼 수 있어요.

가로셈

$54 \times 26 = 1404$

$$
\begin{array}{ccccc}
 & & & 5 & 4 \\
\times & & & 2 & 6 \\
\hline
 & & 3 & 2 & 4 \\
 & 1 & 0 & 8 & 0 \\
\hline
 & 1 & 4 & 0 & 4 \\
\end{array}
$$

주의

$$
\begin{array}{ccccc}
 & & & 4 & 8 \\
\times & & & 3 & 7 \\
\hline
 & & 3 & 3 & 6 \\
 & 1 & 4 & 4 & \\
\hline
 & 4 & 8 & 0 & (\times) \\
\end{array}
$$

> 48 × 3을 계산한 것을 잘못 썼어요.
> 48 × 3은 실제로 48 × 30이므로 일의 자리는
> 비우고 써야 해요. (두 자리 수) × (몇십)을
> 계산한 것을 쓸 때에는 자리에 주의하여 써요.

📝 개념 쏙쏙 노트

• 계산 결과가 네 자리 수인 (두 자리 수) × (두 자리 수)
 ① (두 자리 수) × (몇)과 (두 자리 수) × (몇십)을 각각 구합니다.
 ② 구한 두 곱을 더합니다.

계산 결과가 네 자리 수인
(두 자리 수) × (두 자리 수)

✏️ 계산해 보세요.

1
```
    4 7
×   6 2
```

2
```
    3 7
×   7 6
```

3
```
    4 5
×   7 3
```

4
```
    4 7
×   8 3
```

5
```
    5 2
×   4 3
```

6
```
    5 7
×   3 4
```

7
```
    6 8
×   9 4
```

8
```
    7 5
×   3 8
```

9
```
    8 4
×   6 4
```

10
```
    8 8
×   6 4
```

11
```
    9 7
×   6 5
```

12
```
    9 9
×   5 1
```

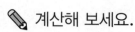
계산해 보세요.

13
$$\begin{array}{r} 6\ 5 \\ \times\ 4\ 8 \\ \hline \end{array}$$

14
$$\begin{array}{r} 3\ 2 \\ \times\ 7\ 7 \\ \hline \end{array}$$

15
$$\begin{array}{r} 7\ 6 \\ \times\ 4\ 3 \\ \hline \end{array}$$

16
$$\begin{array}{r} 5\ 8 \\ \times\ 3\ 6 \\ \hline \end{array}$$

17
$$\begin{array}{r} 3\ 7 \\ \times\ 3\ 6 \\ \hline \end{array}$$

18
$$\begin{array}{r} 5\ 6 \\ \times\ 7\ 6 \\ \hline \end{array}$$

19
$$\begin{array}{r} 3\ 4 \\ \times\ 5\ 3 \\ \hline \end{array}$$

20
$$\begin{array}{r} 9\ 7 \\ \times\ 2\ 4 \\ \hline \end{array}$$

21
$$\begin{array}{r} 7\ 4 \\ \times\ 5\ 6 \\ \hline \end{array}$$

22
$$\begin{array}{r} 6\ 9 \\ \times\ 4\ 3 \\ \hline \end{array}$$

23
$$\begin{array}{r} 1\ 9 \\ \times\ 7\ 8 \\ \hline \end{array}$$

24
$$\begin{array}{r} 9\ 2 \\ \times\ 7\ 8 \\ \hline \end{array}$$

25
$$\begin{array}{r} 2\ 6 \\ \times\ 4\ 3 \\ \hline \end{array}$$

26
$$\begin{array}{r} 8\ 5 \\ \times\ 7\ 4 \\ \hline \end{array}$$

27
$$\begin{array}{r} 2\ 3 \\ \times\ 9\ 7 \\ \hline \end{array}$$

2주

스스로 평가

21

✏️ 계산해 보세요.

1
```
    2 7
×   6 3
```

5
```
    3 8
×   6 4
```

9
```
    2 2
×   5 6
```

2
```
    3 4
×   4 5
```

6
```
    3 8
×   6 2
```

10
```
    4 2
×   3 4
```

3
```
    5 5
×   3 4
```

7
```
    5 6
×   5 3
```

11
```
    6 6
×   2 6
```

4
```
    7 4
×   6 6
```

8
```
    8 3
×   5 3
```

12
```
    9 6
×   4 4
```

✎ 계산해 보세요.

13
$$\begin{array}{r} 2\ 8 \\ \times\ 6\ 3 \\ \hline \end{array}$$

18
$$\begin{array}{r} 6\ 7 \\ \times\ 3\ 2 \\ \hline \end{array}$$

23
$$\begin{array}{r} 9\ 3 \\ \times\ 7\ 5 \\ \hline \end{array}$$

14
$$\begin{array}{r} 3\ 3 \\ \times\ 8\ 4 \\ \hline \end{array}$$

19
$$\begin{array}{r} 7\ 3 \\ \times\ 7\ 6 \\ \hline \end{array}$$

24
$$\begin{array}{r} 7\ 2 \\ \times\ 5\ 7 \\ \hline \end{array}$$

15
$$\begin{array}{r} 3\ 7 \\ \times\ 6\ 3 \\ \hline \end{array}$$

20
$$\begin{array}{r} 7\ 8 \\ \times\ 5\ 7 \\ \hline \end{array}$$

25
$$\begin{array}{r} 8\ 1 \\ \times\ 5\ 2 \\ \hline \end{array}$$

16
$$\begin{array}{r} 4\ 5 \\ \times\ 4\ 9 \\ \hline \end{array}$$

21
$$\begin{array}{r} 8\ 5 \\ \times\ 7\ 4 \\ \hline \end{array}$$

26
$$\begin{array}{r} 6\ 4 \\ \times\ 7\ 3 \\ \hline \end{array}$$

17
$$\begin{array}{r} 5\ 5 \\ \times\ 3\ 2 \\ \hline \end{array}$$

22
$$\begin{array}{r} 8\ 7 \\ \times\ 3\ 4 \\ \hline \end{array}$$

27
$$\begin{array}{r} 7\ 4 \\ \times\ 3\ 8 \\ \hline \end{array}$$

스스로 평가 ☺ ☺ ☹

✏️ 계산해 보세요.

1 83 × 41

5 62 × 39

9 73 × 94

2 95 × 22

6 55 × 37

10 31 × 66

3 46 × 34

7 93 × 46

11 55 × 33

4 77 × 18

8 48 × 52

12 37 × 36

✏️ 계산해 보세요.

13 47 × 24

14 93 × 24

15 75 × 64

16 44 × 46

17 37 × 74

18 82 × 52

19 21 × 58

20 45 × 53

21 73 × 26

22 35 × 75

23 52 × 93

24 97 × 47

25 87 × 32

26 92 × 36

27 84 × 52

28 82 × 29

29 93 × 89

30 73 × 58

31 82 × 58

32 55 × 59

33 74 × 24

2
주

스스로 평가 😄 🙂 ☹

✏️ 계산해 보세요.

1 33 × 33

5 93 × 81

9 83 × 58

2 53 × 63

6 75 × 62

10 36 × 32

3 45 × 37

7 47 × 45

11 87 × 52

4 76 × 43

8 25 × 76

12 92 × 64

계산해 보세요.

13 37 × 61

14 37 × 78

15 45 × 76

16 47 × 84

17 85 × 64

18 89 × 74

19 97 × 55

20 64 × 87

21 68 × 95

22 77 × 38

23 59 × 36

24 72 × 92

25 55 × 55

26 84 × 40

27 46 × 43

28 38 × 66

29 73 × 74

30 93 × 88

31 48 × 57

32 23 × 57

33 19 × 69

2주

스스로 평가 😄 🙂 🙁

도전! 10분!

✏️ □ 안에 알맞은 수를 써넣으세요.

1 29 → ×45 →

6 46 → ×39 →

2 92 → ×88 →

7 45 → ×61 →

3 78 → ×56 →

8 47 → ×45 →

4 88 → ×71 →

9 84 → ×56 →

5 77 → ×92 →

10 71 → ×73 →

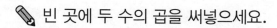

✏️ 빈 곳에 두 수의 곱을 써넣으세요.

11
53	38

16
46	93

12
29	36

17
52	48

13
67	54

18
78	42

14
83	13

19
85	74

15
63	72

20
68	56

✎ 네이피어의 곱셈을 하여 □ 안에 알맞은 수를 써넣으세요.

네이피어의 곱셈

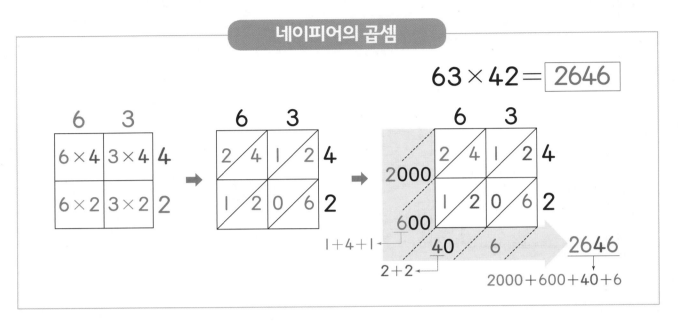

$52 \times 36 =$ ☐

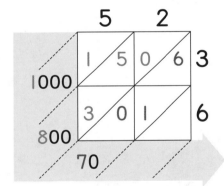

$64 \times 27 =$ ☐

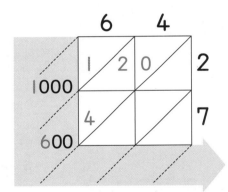

$43 \times 56 =$ ☐

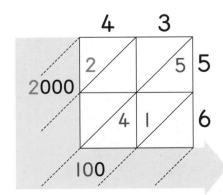

$73 \times 23 =$ ☐

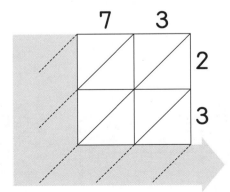

주어진 가로 · 세로 열쇠를 보고 퍼즐을 완성해 보세요.

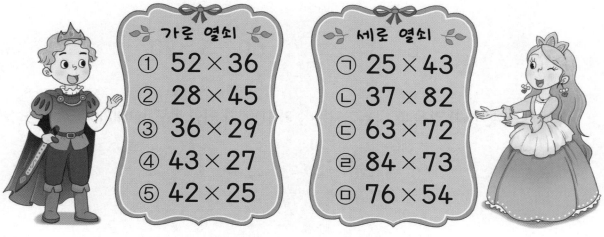

3주 개념

(몇십) ÷ (몇),
(몇백몇십) ÷ (몇)

✅ 유진이는 책 60권을 3상자에 똑같이 나누어 담으려고 해요. 한 상자에 몇 권씩 담으면 되나요?

$$
\begin{array}{r}
2 \\
3\overline{)6} \\
6 \\ \hline
0
\end{array}
\quad \leftarrow 3 \times 2
\qquad \Rightarrow \qquad
\begin{array}{r}
2\,0 \\
3\overline{)6\,0} \\
6\,0 \\ \hline
0
\end{array}
\quad \leftarrow 3 \times 20
$$

10배

$$6 \div 3 = 2 \qquad\qquad 60 \div 3 = 20$$

10배

➡ 나누는 수가 같을 때 나누어지는 수가 10배가 되면 몫도 10배가 돼요.

60 ÷ 3 = 20이므로 한 상자에 20권씩 담으면 돼요.

일차	1일학습	2일학습	3일학습	4일학습	5일학습
공부할 날	월 일	월 일	월 일	월 일	월 일

✅ (몇십)÷(몇) 구하기

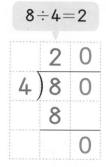

$8 \div 4 = 2$

$$\begin{array}{r} 2\,0 \\ 4\,)\overline{8\,0} \\ 8 \\ \hline 0 \end{array}$$

$8 \div 4 = 2$

$80 \div 4 = 20$

0을 그대로 쓰기

곱셈구구를 이용해서 몫을 구해요.

➡ $8 \div 4 = 2$이므로 십의 자리에 2를 쓴 다음 일의 자리에 0을 써요.

✅ (몇백몇십)÷(몇) 구하기

$12 \div 3 = 4$

$$\begin{array}{r} 4\,0 \\ 3\,)\overline{1\,2\,0} \\ 1\,2 \\ \hline 0 \end{array}$$

$12 \div 3 = 4$

$120 \div 3 = 40$

0을 그대로 쓰기

➡ $12 \div 3 = 4$이므로 십의 자리에 4를 쓴 다음 일의 자리에 0을 써요.

주의 1은 3으로 나눌 수 없으므로 12를 3으로 나눠요.

📔 개념 쏙쏙 노트

- (몇십)÷(몇)
  (몇십)÷(몇)의 계산은 (몇)÷(몇)을 계산한 다음 구한 몫에 0을 1개 붙입니다.
- (몇백몇십)÷(몇)
  (몇백몇십)÷(몇)의 계산은 (몇십몇)÷(몇)을 계산한 다음 구한 몫에 0을 1개 붙입니다.

도전! 8분!

✏️ 계산해 보세요.

1 9)90

2 7)70

3 8)80

4 2)60

5 2)20

6 7)630

7 8)400

8 3)120

9 4)200

10 6)180

11 4)120

12 9)630

13 7)560

14 9)810

15 8)320

✏️ 계산해 보세요.

16
$2 \overline{)40}$

17
$3 \overline{)60}$

18
$8 \overline{)80}$

19
$4 \overline{)80}$

20
$2 \overline{)120}$

21
$3 \overline{)270}$

22
$4 \overline{)160}$

23
$8 \overline{)640}$

24
$6 \overline{)540}$

25
$7 \overline{)490}$

26
$8 \overline{)720}$

27
$7 \overline{)280}$

28
$5 \overline{)450}$

29
$9 \overline{)360}$

30
$7 \overline{)210}$

31
$4 \overline{)240}$

32
$5 \overline{)250}$

33
$6 \overline{)360}$

3
주

✏️ 계산해 보세요.

1
6)60

6
3)270

11
7)280

2
5)50

7
4)160

12
2)140

3
2)40

8
8)240

13
7)210

4
3)90

9
6)240

14
4)240

5
4)40

10
7)560

15
3)150

✏️ 계산해 보세요.

16
$3\overline{)60}$

22
$4\overline{)360}$

28
$5\overline{)150}$

17
$8\overline{)560}$

23
$8\overline{)320}$

29
$8\overline{)640}$

18
$3\overline{)150}$

24
$9\overline{)180}$

30
$4\overline{)200}$

19
$3\overline{)210}$

25
$6\overline{)480}$

31
$7\overline{)490}$

20
$6\overline{)120}$

26
$2\overline{)80}$

32
$9\overline{)810}$

21
$7\overline{)140}$

27
$4\overline{)80}$

33
$6\overline{)540}$

도전! 10분!

✏️ 계산해 보세요.

십의 일의
자리 자리

1 60÷3=☐☐

2 20÷2=☐☐

3 210÷3=☐☐

4 720÷8=☐☐

5 210÷7=☐☐

6 80÷4=☐☐

7 90÷3=☐☐

8 180÷6=☐☐

9 280÷7=☐☐

10 70÷7=☐☐

11 50÷5=☐☐

12 640÷8=☐☐

13 160÷4=☐☐

14 120÷2=☐☐

✏️ 계산해 보세요.

15   720÷9

16   80÷8

17   240÷6

18   360÷9

19   90÷9

20   140÷7

21   630÷9

22   280÷4

23   480÷8

24   60÷2

25   450÷9

26   450÷5

27   160÷8

28   560÷7

29   810÷9

30   60÷6

31   350÷5

32   420÷6

33   540÷9

34   240÷4

35   540÷6

3주

스스로 평가

 계산해 보세요.

1 $250 \div 5 =$ ☐

2 $120 \div 6 =$ ☐

3 $350 \div 7 =$ ☐

4 $270 \div 3 =$ ☐

5 $150 \div 5 =$ ☐

6 $490 \div 7 =$ ☐

7 $180 \div 2 =$ ☐

8 $80 \div 2 =$ ☐

9 $420 \div 7 =$ ☐

10 $560 \div 8 =$ ☐

11 $180 \div 3 =$ ☐

12 $360 \div 6 =$ ☐

13 $160 \div 2 =$ ☐

14 $320 \div 4 =$ ☐

✏️ 계산해 보세요.

15 $30 \div 3$

16 $140 \div 2$

17 $120 \div 4$

18 $180 \div 9$

19 $210 \div 7$

20 $240 \div 8$

21 $480 \div 6$

22 $120 \div 3$

23 $240 \div 3$

24 $450 \div 5$

25 $280 \div 4$

26 $360 \div 4$

27 $150 \div 3$

28 $630 \div 7$

29 $350 \div 5$

30 $810 \div 9$

31 $60 \div 6$

32 $240 \div 4$

33 $40 \div 4$

34 $180 \div 6$

35 $90 \div 3$

스스로 평가 😄 🙂 🙁

✏️ 빈 곳에 알맞은 수를 써넣으세요.

1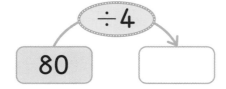

6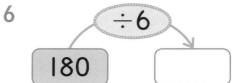

2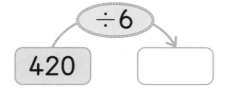

7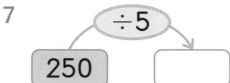

3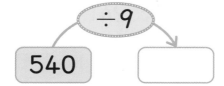

8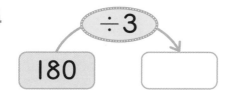

4

9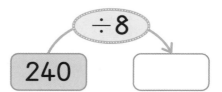

5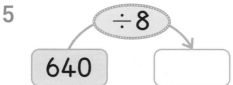

10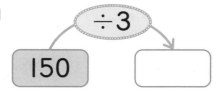

✏ 빈 곳에 알맞은 수를 써넣으세요.

11 | 150 | ÷5 | |

12 | 140 | ÷2 | |

13 | 560 | ÷7 | |

14 | 240 | ÷6 | |

15 | 160 | ÷4 | |

16 | 720 | ÷8 | |

17 | 360 | ÷6 | |

18 | 350 | ÷7 | |

19 | 90 | ÷3 | |

20 | 240 | ÷4 | |

21 | 810 | ÷9 | |

22 | 100 | ÷5 | |

✏️ 계산 결과가 같은 것끼리 같은 색으로 칠해 보세요.

240÷6

540÷9

40÷2

120÷6

90÷3

150÷5

80÷2

420÷7

빙고 놀이를 해요. 선생님이 말한 나눗셈식의 몫을 찾아 색칠하여 가로, 세로, 대각선 중에서 한 줄을 완성하면 이기는 놀이에요. 두 친구의 빙고판을 색칠해 보고 이긴 사람은 누구인지 써 보세요.

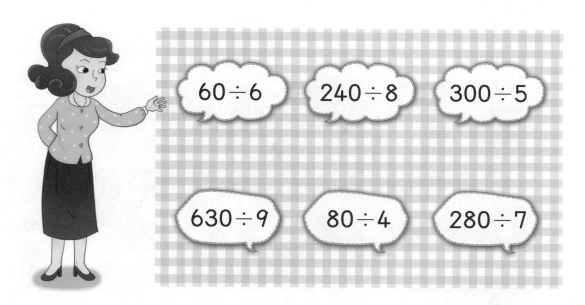

희선

40	75	20
10	50	85
30	90	60

이긴 사람은?

50	10	40
60	15	70
20	75	35

지용

45

✅ 공연을 보기 위해 48명의 학생들이 강당에 모였어요. 긴 의자 한 개에 4명씩 앉을 때 학생들이 모두 앉으려면 의자는 몇 개 필요한가요?

$$
\begin{array}{r} 1 \\ 4\overline{)48} \\ 4 \\ \end{array}
$$
$4×1=4$

➡️

$$
\begin{array}{r} 1 \\ 4\overline{)48} \\ 4 \\ \hline 8 \\ \end{array}
$$
8을 내려 쓰기

➡️

$$
\begin{array}{r} 12 \\ 4\overline{)48} \\ 4 \\ \hline 8 \\ 8 \\ \end{array}
$$
$4×2=8$

➡️

$$
\begin{array}{r} 12 \\ 4\overline{)48} \\ 4 \\ \hline 8 \\ 8 \\ \hline 0 \\ \end{array}
$$
$8-8=0$

> $48÷4=12$이므로 학생들이 모두 앉으려면 의자는 12개 필요해요.

46

학습계획

일차	1일학습	2일학습	3일학습	4일학습	5일학습
공부할 날	월 일	월 일	월 일	월 일	월 일

✅ 내림이 없고 나머지가 없는 (두 자리 수)÷(한 자리 수) 구하기

$$
\begin{array}{r}
2\ 1 \\
3\,)\overline{6\ 3} \\
6 \\
\hline
3 \\
3 \\
\hline
0
\end{array}
$$

$6 \div 3 = 2$

$$63 \div 3 = 21$$

$3 \div 3 = 1$

➡ $6 \div 3 = 2$이므로 몫의 십의 자리에 2를 쓰고
$3 \div 3 = 1$이므로 몫의 일의 자리에 1을 써요.

✅ 내림이 없고 나머지가 있는 (두 자리 수)÷(한 자리 수) 구하기

$$
\begin{array}{r}
5 \\
5\,)\overline{2\ 7} \\
2\ 5 \\
\hline
2
\end{array}
$$

$27-25=2$

나머지

$$27 \div 5 = 5 \cdots 2$$

나누는 수

나누어지는 수

몫

나머지

➡ 27을 5로 나누면 몫은 5이고 2가 남아요. 이때 2를 $27 \div 5$의 나머지라고 해요.

주의 $27 \div 5 = 4 \cdots 7$ (×) ➡ 나머지는 항상 나누는 수보다 작아야 해요.

참고 나머지가 0이면 나누어떨어진다고 해요.

📝 개념 쏙쏙 노트

- 내림이 없고 나머지가 없는 (두 자리 수)÷(한 자리 수)
  십의 자리, 일의 자리를 차례로 나누어 몫을 씁니다.
- 내림이 없고 나머지가 있는 (두 자리 수)÷(한 자리 수)

$$■ \div ● = ▲ \cdots ◆$$

몫

나머지

✏️ 계산해 보세요.

1 2) 4 8

2 4) 8 4

3 2) 2 2

4 2) 8 4

5 3) 9 3

6 2) 4 4

7 3) 9 6

8 4) 4 8

9 2) 4 6

10 2) 6 4

11 3) 3 9

12 4) 8 8

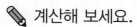 계산해 보세요.

13
$2 \overline{) 24}$

14
$3 \overline{) 99}$

15
$2 \overline{) 68}$

16
$4 \overline{) 44}$

17
$2 \overline{) 42}$

18
$2 \overline{) 86}$

19
$2 \overline{) 82}$

20
$3 \overline{) 36}$

21
$7 \overline{) 77}$

22
$3 \overline{) 63}$

23
$2 \overline{) 28}$

24
$3 \overline{) 66}$

25
$2 \overline{) 26}$

26
$3 \overline{) 69}$

27
$8 \overline{) 88}$

✏️ 계산해 보세요.

1 $69 \div 3$

4 $84 \div 2$

7 $44 \div 4$

2 $48 \div 2$

5 $66 \div 3$

8 $46 \div 2$

3 $93 \div 3$

6 $48 \div 4$

9 $36 \div 3$

계산해 보세요.

10 42÷2

11 84÷4

12 63÷3

13 88÷2

14 99÷9

15 33÷3

16 62÷2

17 64÷2

18 39÷3

19 44÷2

20 28÷2

21 68÷2

22 88÷4

23 66÷6

24 77÷7

25 24÷2

26 96÷3

27 82÷2

28 99÷3

29 55÷5

30 86÷2

도전! 10분!

✏️ 계산해 보세요.

1
$2\overline{)15}$

5
$6\overline{)43}$

9
$3\overline{)13}$

2
$8\overline{)67}$

6
$2\overline{)17}$

10
$7\overline{)30}$

3
$7\overline{)22}$

7
$8\overline{)47}$

11
$2\overline{)19}$

4
$8\overline{)65}$

8
$3\overline{)16}$

12
$6\overline{)55}$

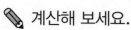
✏️ 계산해 보세요.

13
9) 6 1

18
5) 4 7

23
8) 7 4

14
8) 7 3

19
8) 6 6

24
7) 3 7

15
8) 5 8

20
6) 5 7

25
7) 3 8

16
7) 6 5

21
5) 3 3

26
6) 5 2

17
9) 4 7

22
8) 5 2

27
9) 6 9

 계산해 보세요.

1 66÷8

5 44÷7

9 51÷6

2 57÷9

6 58÷6

10 25÷4

3 87÷9

7 28÷5

11 65÷8

4 48÷5

8 17÷2

12 39÷7

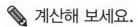 계산해 보세요.

13 $17 \div 3$

14 $50 \div 7$

15 $54 \div 8$

16 $23 \div 4$

17 $17 \div 6$

18 $21 \div 9$

19 $67 \div 8$

20 $42 \div 5$

21 $34 \div 6$

22 $29 \div 7$

23 $49 \div 9$

24 $73 \div 8$

25 $62 \div 7$

26 $13 \div 3$

27 $26 \div 4$

28 $79 \div 9$

29 $31 \div 8$

30 $37 \div 5$

31 $20 \div 3$

32 $76 \div 8$

33 $27 \div 4$

55

내림이 없는
(두 자리 수) ÷ (한 자리 수)

✏️ 빈 곳에 알맞은 수를 써넣으세요.

1
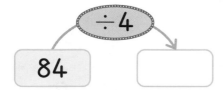

6
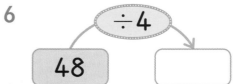

2
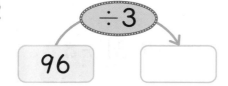

7
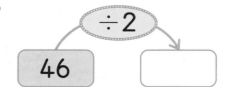

3
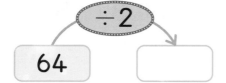

8
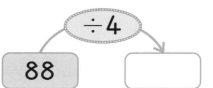

4
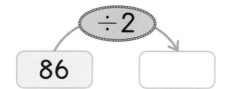

9
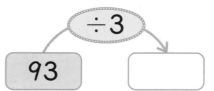

5
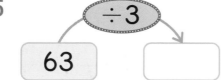

10
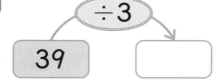

✎ 계산을 하여 몫은 □ 안에, 나머지는 ◯ 안에 써넣으세요.

11 ÷ →

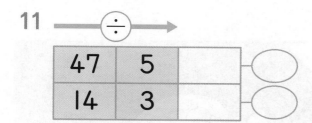

| 47 | 5 | |
| 14 | 3 | |

12 ÷ →

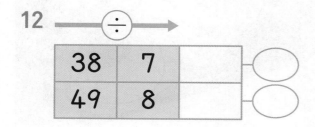

| 38 | 7 | |
| 49 | 8 | |

13 ÷ →

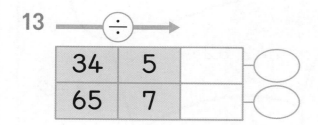

| 34 | 5 | |
| 65 | 7 | |

14 ÷ →

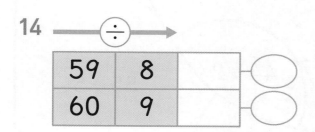

| 59 | 8 | |
| 60 | 9 | |

15 ÷ →

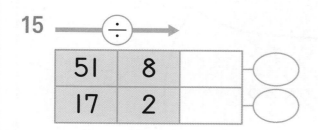

| 51 | 8 | |
| 17 | 2 | |

16 ÷ →

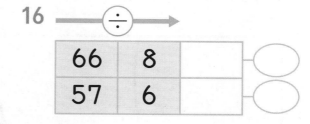

| 66 | 8 | |
| 57 | 6 | |

17 ÷ →

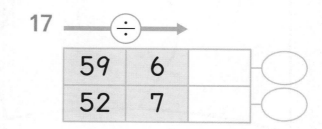

| 59 | 6 | |
| 52 | 7 | |

18 ÷ →

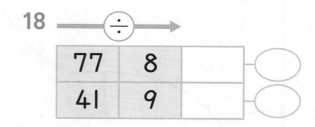

| 77 | 8 | |
| 41 | 9 | |

19 ÷ →

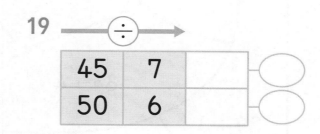

| 45 | 7 | |
| 50 | 6 | |

20 ÷ →

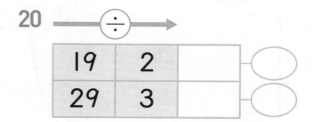

| 19 | 2 | |
| 29 | 3 | |

✏️ 몫이 20보다 큰 곳에 모두 색칠해 보세요.

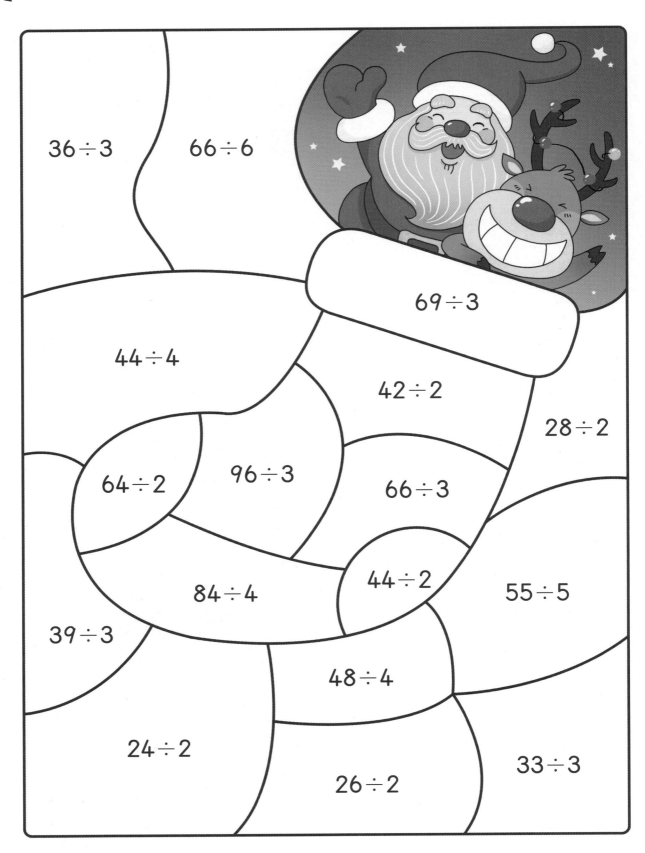

$36 \div 3$

$66 \div 6$

$69 \div 3$

$44 \div 4$

$42 \div 2$

$28 \div 2$

$64 \div 2$

$96 \div 3$

$66 \div 3$

$84 \div 4$

$44 \div 2$

$55 \div 5$

$39 \div 3$

$48 \div 4$

$24 \div 2$

$26 \div 2$

$33 \div 3$

나눗셈식의 몫과 나머지를 찾아 차례로 이어 보세요.

$28 \div 5$

$50 \div 6$

$43 \div 7$

$60 \div 8$

✅ 민준이는 아빠와 함께 금붕어 30마리를 어항 2개에 똑같이 나누어 넣으려고 해요. 어항 1개에 넣는 금붕어는 몇 마리인가요?

$$
\begin{array}{r} 1 \\ 2{\overline{\smash{)}\,}}3\,0 \\ 2 \end{array}
$$
$2 \times 1 = 2$

→

$$
\begin{array}{r} 1 \\ 2{\overline{\smash{)}\,}}3\,0 \\ 2 \\ \hline 1\,0 \end{array}
$$
$3 - 2 = 1$ 내려 쓰기

→

$$
\begin{array}{r} 1\,5 \\ 2{\overline{\smash{)}\,}}3\,0 \\ 2 \\ \hline 1\,0 \\ 1\,0 \end{array}
$$
$2 \times 5 = 10$

→

$$
\begin{array}{r} 1\,5 \\ 2{\overline{\smash{)}\,}}3\,0 \\ 2 \\ \hline 1\,0 \\ 1\,0 \\ \hline 0 \end{array}
$$
$10 - 10 = 0$

30 ÷ 2 = 15이므로 어항 1개에 넣는 금붕어는 15마리예요.

학습계획

일차	1일 학습	2일 학습	3일 학습	4일 학습	5일 학습
공부할 날	월 일	월 일	월 일	월 일	월 일

✅ 내림이 있고 나머지가 없는 (두 자리 수)÷(한 자리 수) 구하기

세로셈

$$
\begin{array}{r}
1\,8 \\
3\,\overline{)5\,4} \\
3 \\
\hline
2\,4 \\
2\,4 \\
\hline
0
\end{array}
$$

3×1=3

3×8=24

24−24=0

> 십의 자리 몫을 구하고 남은 수를 내림하여 일의 자리 수와 함께 계산해요.

가로셈 $48 \div 3 = 16$

$$
\begin{array}{r}
1\,6 \\
3\,\overline{)4\,8} \\
3 \\
\hline
1\,8 \\
1\,8 \\
\hline
0
\end{array}
$$

주의

$$
\begin{array}{r}
1\,2 \\
3\,\overline{)4\,6} \\
3 \\
\hline
6 \\
6\,0 \\
\hline
0
\end{array} \;(\times)
$$

> 십의 자리 계산에서 남은 수를 내려 쓰지 않아서 틀렸어요. 남은 수를 잊지 않고 내려 써서 계산해요.

참고 **나누는 수와 몫을 곱하면 나누어지는 수가 돼요.**

➡ $3 \times 16 = 48$

📓 개념 쏙쏙 노트

• 내림이 있고 나머지가 없는 (두 자리 수)÷(한 자리 수)
① 십의 자리 수를 먼저 나눕니다.
② 십의 자리의 계산에서 남은 수와 일의 자리 수를 합하여 나눕니다.

✏️ 계산해 보세요.

1

2) 3 2

5

3) 5 7

9

5) 6 5

2

3) 4 2

6

4) 7 2

10

7) 8 4

3

4) 6 4

7

6) 9 0

11

2) 9 4

4

6) 7 8

8

2) 7 6

12

4) 5 2

13

$6 \overline{)84}$

14

$2 \overline{)72}$

15

$4 \overline{)76}$

16

$2 \overline{)36}$

17

$3 \overline{)54}$

18

$5 \overline{)85}$

19

$2 \overline{)54}$

20

$3 \overline{)75}$

21

$4 \overline{)92}$

22

$5 \overline{)80}$

23

$2 \overline{)38}$

24

$3 \overline{)72}$

25

$6 \overline{)96}$

26

$2 \overline{)56}$

27

$3 \overline{)87}$

5
주

✏️ 계산해 보세요.

1
$2\overline{)34}$

5
$3\overline{)51}$

9
$2\overline{)74}$

2
$2\overline{)52}$

6
$3\overline{)75}$

10
$3\overline{)45}$

3
$2\overline{)70}$

7
$4\overline{)96}$

11
$7\overline{)91}$

4
$2\overline{)96}$

8
$4\overline{)68}$

12
$8\overline{)96}$

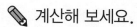 계산해 보세요.

13
2)50

18
3)48

23
5)95

14
7)98

19
2)78

24
3)75

15
4)76

20
2)92

25
2)58

16
5)90

21
3)81

26
7)84

17
5)65

22
4)64

27
2)98

내림이 있고 나머지가 없는 (두 자리 수) ÷ (한 자리 수)

도전! 14분!

✏️ 계산해 보세요.

1 54÷2

4 78÷3

7 56÷4

2 96÷8

5 92÷4

8 85÷5

3 32÷2

6 48÷3

9 76÷2

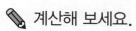 계산해 보세요.

10 84÷7

11 75÷5

12 72÷2

13 91÷7

14 54÷3

15 68÷4

16 78÷6

17 57÷3

18 72÷4

19 95÷5

20 64÷4

21 90÷5

22 74÷2

23 81÷3

24 75÷3

25 76÷4

26 60÷4

27 34÷2

28 72÷6

29 87÷3

30 92÷2

5주

✏️ 계산해 보세요.

1 $34 \div 2$

4 $70 \div 5$

7 $78 \div 6$

2 $42 \div 3$

5 $91 \div 7$

8 $98 \div 2$

3 $52 \div 4$

6 $95 \div 5$

9 $75 \div 3$

✏️ 계산해 보세요.

10 $54 \div 3$

11 $76 \div 4$

12 $96 \div 2$

13 $72 \div 6$

14 $92 \div 4$

15 $84 \div 7$

16 $54 \div 2$

17 $92 \div 2$

18 $98 \div 7$

19 $58 \div 2$

20 $76 \div 2$

21 $78 \div 3$

22 $65 \div 5$

23 $96 \div 4$

24 $72 \div 3$

25 $72 \div 4$

26 $80 \div 5$

27 $84 \div 6$

28 $90 \div 5$

29 $94 \div 2$

30 $56 \div 4$

스스로 평가 😆 🙂 😟

🖊 □ 안에 알맞은 수를 써넣으세요.

1 91 → ÷ 7 → □

6 76 → ÷ 2 → □

2 36 → ÷ 2 → □

7 84 → ÷ 6 → □

3 54 → ÷ 3 → □

8 64 → ÷ 4 → □

4 68 → ÷ 4 → □

9 52 → ÷ 2 → □

5 65 → ÷ 5 → □

10 85 → ÷ 5 → □

✏️ 빈 곳에 알맞은 수를 써넣으세요.

11
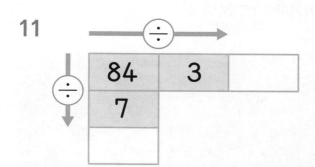

15
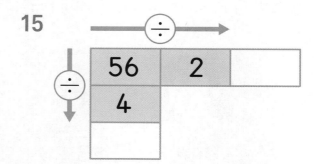

12
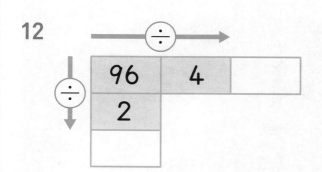

16
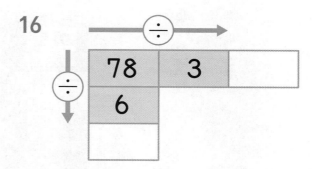

13
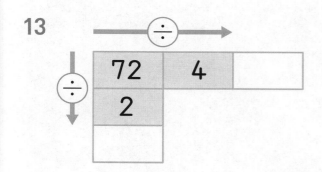

17
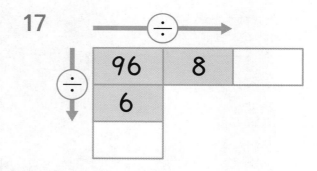

14
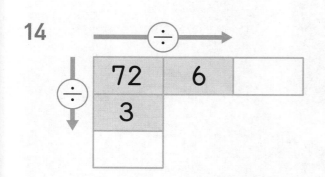

18
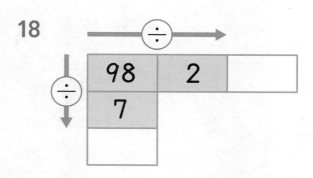

✏️ 몫이 더 큰 쪽으로 갈 때, 지윤이가 도착하는 가게에 ○표 하세요.

사과, 딸기, 귤, 감을 각각 4상자에 똑같이 나누어 담으려고 해요. 한 상자에 담을 과일은 각각 몇 개인지 구해 보세요.

내림이 있고 나머지가 있는
(두 자리 수) ÷ (한 자리 수)

✅ 윤지네 가족은 쌀 72 kg을 한 봉지에 5 kg씩 똑같이 나누어 담으려고 해요.
담은 쌀은 모두 몇 봉지가 되고, 담고 남는 쌀은 몇 kg인가요?

$$
\begin{array}{r} 1 \\ 5\overline{)7\,2} \\ 5 \\ \end{array}
$$
$5 \times 1 = 5$

➡

$$
\begin{array}{r} 1 \\ 5\overline{)7\,2} \\ 5 \\ \hline 2\,2 \end{array}
$$
$7 - 5 = 2$ 내려 쓰기

➡

$$
\begin{array}{r} 1\,4 \\ 5\overline{)7\,2} \\ 5 \\ \hline 2\,2 \\ 2\,0 \end{array}
$$
$5 \times 4 = 20$

➡

$$
\begin{array}{r} 1\,4 \\ 5\overline{)7\,2} \\ 5 \\ \hline 2\,2 \\ 2\,0 \\ \hline 2 \end{array}
$$
$22 - 20 = 2$

$72 \div 5 = 14 \cdots 2$이므로 쌀은 14봉지가 되고 2 kg이 남아요.

일차	1일 학습	2일 학습	3일 학습	4일 학습	5일 학습
공부할 날	월 일	월 일	월 일	월 일	월 일

✅ **내림이 있고 나머지가 있는 (두 자리 수)÷(한 자리 수) 구하기**

세로셈

```
    1 8
4 ) 7 4
    4        ← 4×1=4
  ─────
    3 4
    3 2      ← 4×8=32
  ─────
      2
```
34−32=2

① 7÷4의 몫은 1이므로 몫의 십의
   자리에 1을 써요.　　　　┌7−4=3
② 십의 자리의 계산에서 남은 3과
   일의 자리 수 4를 합한 34를 써요.
③ 34÷4의 몫은 8이므로 몫의
   일의 자리에 8을 쓰고 남은 2를
   맨 아래에 써요.　　┌34−32=2

가로셈

$$83 \div 5 = 16 \cdots 3$$

```
    1 6
5 ) 8 3
    5
  ─────
    3 3
    3 0
  ─────
      3
```

 주의

```
    1 2
6 ) 8 2
    6
  ─────
    2 2
    1 2
  ─────
    1 0  (×)
```

나머지가 나누는 수보다
크므로 잘못 계산했어요.
나머지는 나누는 수보다
항상 작아요.

📒 **개념 쏙쏙 노트**

• 내림이 있고 나머지가 있는 (두 자리 수)÷(한 자리 수)
 ① 십의 자리 수부터 나누어 몫을 씁니다.
 ② 십의 자리 계산에서 남은 수와 일의 자리 수를 합해서 나눈 것의 몫을 구합니다.
 ③ 남은 수는 마지막에 씁니다.

75

✏️ 계산해 보세요.

1
$8\overline{)93}$

5
$2\overline{)57}$

9
$4\overline{)70}$

2
$3\overline{)76}$

6
$5\overline{)63}$

10
$6\overline{)94}$

3
$4\overline{)78}$

7
$4\overline{)51}$

11
$5\overline{)77}$

4
$6\overline{)86}$

8
$4\overline{)65}$

12
$7\overline{)86}$

계산해 보세요.

13
$8) \overline{98}$

14
$4) \overline{61}$

15
$5) \overline{78}$

16
$3) \overline{86}$

17
$7) \overline{97}$

18
$8) \overline{99}$

19
$4) \overline{67}$

20
$2) \overline{59}$

21
$4) \overline{75}$

22
$6) \overline{82}$

23
$8) \overline{91}$

24
$2) \overline{33}$

25
$7) \overline{81}$

26
$5) \overline{64}$

27
$3) \overline{56}$

✏️ 계산해 보세요.

1

$$7 \overline{)8\ 2}$$

2

$$4 \overline{)7\ 1}$$

3

$$5 \overline{)9\ 1}$$

4

$$3 \overline{)7\ 4}$$

5

$$6 \overline{)9\ 9}$$

6

$$7 \overline{)8\ 7}$$

7

$$4 \overline{)5\ 8}$$

8

$$2 \overline{)9\ 7}$$

9

$$3 \overline{)8\ 2}$$

10

$$3 \overline{)5\ 9}$$

11

$$8 \overline{)9\ 4}$$

12

$$5 \overline{)8\ 8}$$

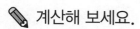

✎ 계산해 보세요.

13
$7 \overline{)88}$

18
$6 \overline{)76}$

23
$3 \overline{)50}$

14
$4 \overline{)69}$

19
$5 \overline{)66}$

24
$2 \overline{)91}$

15
$6 \overline{)88}$

20
$7 \overline{)95}$

25
$3 \overline{)77}$

16
$3 \overline{)79}$

21
$5 \overline{)84}$

26
$4 \overline{)99}$

17
$4 \overline{)95}$

22
$2 \overline{)39}$

27
$7 \overline{)96}$

스스로 평가

내림이 있고 나머지가 있는 (두 자리 수) ÷ (한 자리 수)

도전! 16분!

✏️ 계산해 보세요.

1 86÷6

4 99÷8

7 98÷6

2 85÷7

5 33÷2

8 58÷3

3 89÷7

6 50÷4

9 69÷5

✏️ 계산해 보세요.

10 73÷3

11 87÷5

12 81÷6

13 93÷6

14 88÷7

15 93÷8

16 80÷7

17 98÷8

18 88÷6

19 67÷5

20 93÷7

21 89÷6

22 88÷3

23 78÷4

24 71÷4

25 76÷3

26 90÷7

27 73÷2

28 93÷5

29 94÷4

30 65÷4

6
주

스스로
평가 😆 ☺ ☹

81

내림이 있고 나머지가 있는 (두 자리 수) ÷ (한 자리 수)

✏️ 계산해 보세요.

1 51÷4

4 63÷5

7 85÷6

2 62÷4

5 89÷5

8 92÷7

3 86÷3

6 76÷6

9 92÷8

✏️ 계산해 보세요.

10 66÷4

11 37÷2

12 59÷3

13 87÷6

14 74÷5

15 79÷2

16 69÷5

17 97÷2

18 77÷6

19 83÷3

20 97÷7

21 53÷2

22 74÷4

23 95÷6

24 96÷7

25 70÷4

26 81÷5

27 74÷6

28 89÷3

29 57÷4

30 97÷8

✏️ 계산을 하여 몫은 ☐ 안에, 나머지는 ◯ 안에 써넣으세요.

1 91 → ÷8 → ☐ … ◯

2 44 → ÷3 → ☐ … ◯

3 95 → ÷7 → ☐ … ◯

4 80 → ÷3 → ☐ … ◯

5 67 → ÷4 → ☐ … ◯

6 75 → ÷6 → ☐ … ◯

7 53 → ÷4 → ☐ … ◯

8 84 → ÷5 → ☐ … ◯

9 71 → ÷5 → ☐ … ◯

10 87 → ÷2 → ☐ … ◯

✏️ 가운데 ◇ 안의 수를 바깥 수로 나누어 몫은 큰 원의 빈 곳에, 나머지는 □ 안에 써넣으세요.

11

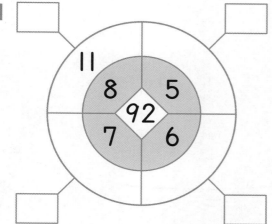

14

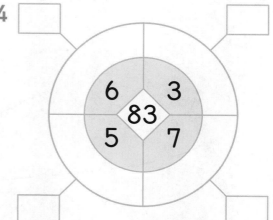

12

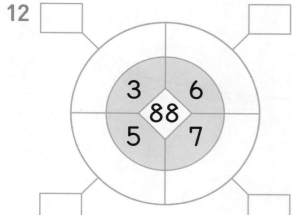

15

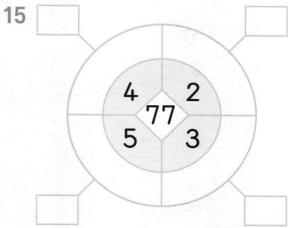

13

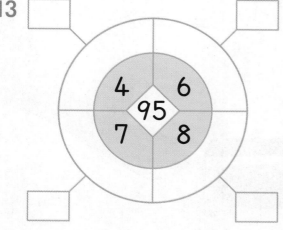

16

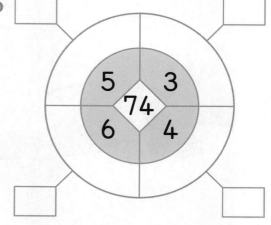

✎ 나눗셈의 몫과 나머지를 찾아 같은 색으로 칠해 보세요.

지윤이의 사물함 자물쇠의 비밀번호는 나눗셈의 나머지를 차례로 나열한 것이에요. 자물쇠의 비밀번호를 구해 보세요.

① 53÷2   ② 95÷4

③ 89÷7   ④ 70÷6

비밀번호:

① ② ③ ④

87

7주 ^{개념} 나머지가 없는 (세 자리 수) ÷ (한 자리 수)

미연이네 반 친구들은 화단에 꽃을 심으려고 해요. 꽃 216송이를 3일 동안 똑같이 나누어 심는다고 할 때 하루에 심어야 하는 꽃은 몇 송이인가요?

$$
\begin{array}{r}
7 \\
3\overline{)2\,1\,6} \\
2\,1
\end{array}
$$

2는 3으로 나눌 수 없어요.

$3 \times 7 = 21$

$$
\begin{array}{r}
7\,2 \\
3\overline{)2\,1\,6} \\
2\,1 \\
\hline
6 \\
6
\end{array}
$$

$3 \times 2 = 6$

$$
\begin{array}{r}
7\,2 \\
3\overline{)2\,1\,6} \\
2\,1 \\
\hline
6 \\
6 \\
\hline
0
\end{array}
$$

$6 - 6 = 0$

216÷3=72이므로 하루에 심어야 하는 꽃은 72송이예요.

88

일차	1일 학습	2일 학습	3일 학습	4일 학습	5일 학습
공부할 날	월 일	월 일	월 일	월 일	월 일

✅ 나머지가 없는 (세 자리 수)÷(한 자리 수) 구하기

· 백의 자리부터 차례로 나누는 (세 자리 수)÷(한 자리 수)

```
      2 1 9
   3)6 5 7
     6
       5
       3
       2 7
       2 7
         0
```

```
      1 3 2
   6)7 9 2
     6
       1 9
       1 8
         1 2
         1 2
           0
```

> 백의 자리부터 차례로 나누고
> 남는 수는 아래에 내려 쓴 뒤
> 다음 자리와 합해서 나눠요.

· 백의 자리 수를 나눌 수 없는 (세 자리 수)÷(한 자리 수)

2는 5로 나눌 수 없어요.
```
        5 9
   5)2 9 5
     2 5
       4 5
       4 5
         0
```

1은 4로 나눌 수 없어요.
```
        4 3
   4)1 7 2
     1 6
       1 2
       1 2
         0
```

➡ 백의 자리 수를 나눌 수
없으므로 십의 자리 수
까지 나눠요.
십의 자리 수까지 나눈
몫은 십의 자리에 써요.

📒 개념 쏙쏙 노트

· 나머지가 없는 (세 자리 수)÷(한 자리 수)
① 백의 자리 수를 나누지 못하면 십의 자리 수까지를 나눕니다.
② 남은 수는 내려 쓰고 일의 자리 수와 합하여 나눕니다.

✏️ 계산해 보세요.

1

$$2 \overline{)2\ 2\ 4}$$

2

$$3 \overline{)3\ 6\ 9}$$

3

$$5 \overline{)5\ 6\ 0}$$

4

$$8 \overline{)9\ 8\ 4}$$

5

$$2 \overline{)2\ 8\ 4}$$

6

$$3 \overline{)4\ 1\ 7}$$

7

$$4 \overline{)6\ 0\ 8}$$

8

$$6 \overline{)8\ 5\ 8}$$

9

$$5 \overline{)7\ 2\ 5}$$

10

$3 \overline{)570}$

14

$3 \overline{)585}$

18

$4 \overline{)628}$

11

$6 \overline{)912}$

15

$4 \overline{)576}$

19

$2 \overline{)536}$

12

$2 \overline{)426}$

16

$5 \overline{)760}$

20

$2 \overline{)394}$

13

$3 \overline{)438}$

17

$4 \overline{)864}$

21

$5 \overline{)735}$

나머지가 없는
(세 자리 수) ÷ (한 자리 수)

도전! 10분!

✏️ 계산해 보세요.

1 608÷4

4 348÷3

7 924÷7

2 756÷6

5 672÷4

8 785÷5

3 392÷2

6 936÷8

9 585÷3

✏️ 계산해 보세요.

10 680÷5

16 604÷2

22 912÷8

11 861÷7

17 924÷7

23 852÷4

12 920÷8

18 744÷2

24 390÷2

13 914÷2

19 828÷3

25 628÷4

14 804÷6

20 784÷4

26 735÷5

15 858÷3

21 675÷5

27 822÷6

✏️ 계산해 보세요.

1

$$3\overline{)282}$$

2

$$4\overline{)336}$$

3

$$5\overline{)455}$$

4

$$6\overline{)570}$$

5

$$7\overline{)623}$$

6

$$8\overline{)736}$$

7

$$9\overline{)882}$$

8

$$6\overline{)504}$$

9

$$7\overline{)651}$$

10
$$5)\overline{460}$$

14
$$5)\overline{280}$$

18
$$8)\overline{680}$$

11
$$6)\overline{378}$$

15
$$4)\overline{352}$$

19
$$9)\overline{846}$$

12
$$6)\overline{558}$$

16
$$3)\overline{219}$$

20
$$7)\overline{329}$$

13
$$7)\overline{133}$$

17
$$2)\overline{188}$$

21
$$8)\overline{256}$$

스스로
평가 😆 ☺ ☹

 계산해 보세요.

1 154 ÷ 2

4 308 ÷ 4

7 534 ÷ 6

2 267 ÷ 3

5 336 ÷ 6

8 637 ÷ 7

3 410 ÷ 5

6 768 ÷ 8

9 819 ÷ 9

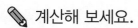 계산해 보세요.

10 297÷9

11 522÷6

12 134÷2

13 207÷3

14 752÷8

15 336÷4

16 325÷5

17 224÷7

18 188÷2

19 680÷8

20 133÷7

21 352÷4

22 846÷9

23 348÷6

24 415÷5

25 288÷8

26 188÷4

27 116÷2

✏️ 빈 곳에 알맞은 수를 써넣으세요.

1 992 ÷8 → ☐

6 656 ÷8 → ☐

2 942 ÷3 → ☐

7 352 ÷4 → ☐

3 785 ÷5 → ☐

8 276 ÷6 → ☐

4 618 ÷6 → ☐

9 609 ÷7 → ☐

5 464 ÷4 → ☐

10 291 ÷3 → ☐

빈 곳에 알맞은 수를 써넣으세요.

11 | 774 | ÷3 |

12 | 714 | ÷6 |

13 | 536 | ÷2 |

14 | 993 | ÷3 |

15 | 864 | ÷4 |

16 | 154 | ÷2 |

17 | 138 | ÷2 |

18 | 864 | ÷9 |

19 | 207 | ÷3 |

20 | 539 | ÷7 |

스스로 평가

✏️ 낚싯대와 연결된 물건에 나눗셈의 몫을 써 보세요.

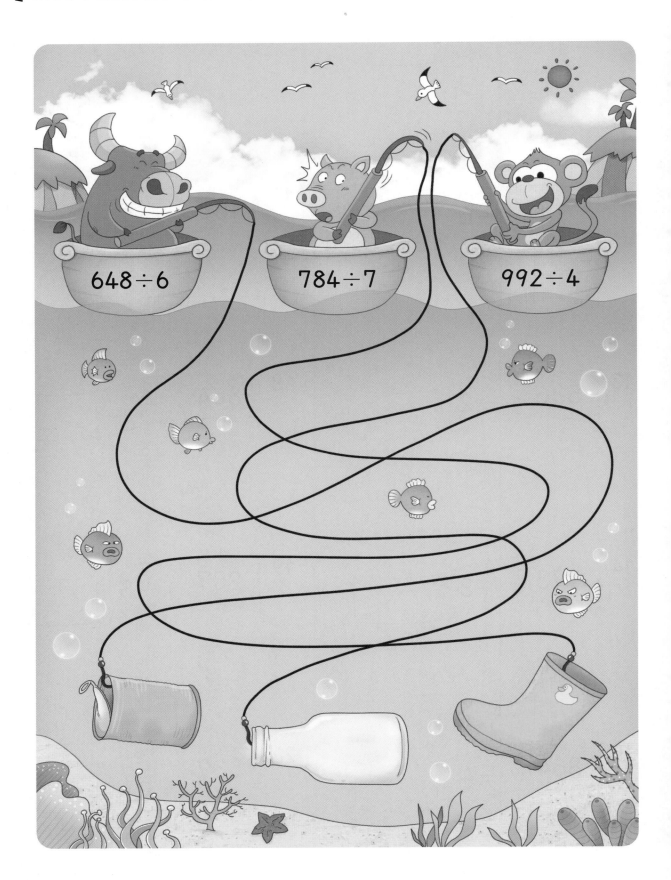

648÷6   784÷7   992÷4

✏️ 학생들이 가지고 있는 수 카드로 나눗셈식을 완성하고, 몫을 구해 보세요.

1 ☐ ☐ ÷ 2 = ☐

☐ 6 ☐ ÷ 4 = ☐

☐ 1 ☐ ÷ 7 = ☐

5 ☐ ☐ ÷ 8 = ☐

✅ 선생님께서 수수깡 209개를 9명의 학생들에게 똑같이 나누어 주려고 해요.
한 명에게 수수깡을 몇 개씩 줄 수 있고, 몇 개가 남나요?

2는 9로
나눌 수 없어요.

$9 \times 2 = 18$

$9 \times 3 = 27$

$29 - 27 = 2$

209 ÷ 9 = 23 … 2이므로 한 명에게 수수깡을
23개씩 줄 수 있고 2개가 남아요.

 학습계획

일차	1일 학습	2일 학습	3일 학습	4일 학습	5일 학습
공부할 날	월 일	월 일	월 일	월 일	월 일

✅ 나머지가 있는 (세 자리 수)÷(한 자리 수) 구하기

· 백의 자리부터 차례로 나누는 (세 자리 수)÷(한 자리 수)

```
      1 5 9            2 1 4
  3)4 7 8          4)8 5 8
    3                  8
    1 7                5
    1 5                4
      2 8              1 8
      2 7              1 6
        1                2
```

> 백의 자리부터 차례로 나누고 남은 수는 아래에 내려 쓴 뒤 다음 자리와 합해서 나눠요.

· 백의 자리 수를 나눌 수 없는 (세 자리 수)÷(한 자리 수)

3은 4로 나눌 수 없어요.

```
        8 4
  4)3 3 7
    3 2
      1 7
      1 6
        1
```

1은 2로 나눌 수 없어요.

```
        6 3
  2)1 2 7
    1 2
      7
      6
      1
```

➡ 백의 자리 수를 나눌 수 없으므로 십의 자리 수까지 나눠요.

📝 개념 쏙쏙 노트

· 나머지가 있는 (세 자리 수)÷(한 자리 수)
백의 자리부터 차례로 계산하고 계산하면서 남은 수는 아래로 내려 다음 자리의 수와 함께 계산합니다.
나머지는 나누는 수보다 항상 작습니다.

✏️ 계산해 보세요.

1
$$3 \overline{)389}$$

4
$$2 \overline{)597}$$

7
$$6 \overline{)817}$$

2
$$4 \overline{)237}$$

5
$$4 \overline{)247}$$

8
$$6 \overline{)369}$$

3
$$5 \overline{)294}$$

6
$$9 \overline{)492}$$

9
$$8 \overline{)661}$$

✏️ 계산해 보세요.

10

$2\overline{)171}$

14

$7\overline{)288}$

18

$6\overline{)891}$

11

$9\overline{)122}$

15

$3\overline{)256}$

19

$8\overline{)911}$

12

$7\overline{)135}$

16

$2\overline{)813}$

20

$4\overline{)761}$

13

$4\overline{)127}$

17

$5\overline{)167}$

21

$7\overline{)667}$

도전! 12분!

✏️ 계산해 보세요.

1   5)673

4   6)837

7   8)953

2   3)295

5   4)309

8   9)124

3   7)576

6   2)187

9   4)301

계산해 보세요.

10

$$2 \overline{)471}$$

11

$$5 \overline{)647}$$

12

$$5 \overline{)614}$$

13

$$2 \overline{)369}$$

14

$$8 \overline{)551}$$

15

$$3 \overline{)565}$$

16

$$8 \overline{)137}$$

17

$$6 \overline{)397}$$

18

$$4 \overline{)317}$$

19

$$9 \overline{)246}$$

20

$$4 \overline{)161}$$

21

$$9 \overline{)547}$$

도전! 17분!

✏️ 계산해 보세요.

1 915÷8

4 543÷2

7 901÷7

2 284÷3

5 374÷5

8 558÷7

3 327÷4

6 465÷6

9 785÷9

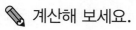 계산해 보세요.

10 376÷3

11 685÷3

12 479÷6

13 218÷3

14 566÷9

15 297÷8

16 167÷2

17 489÷4

18 396÷5

19 219÷7

20 417÷6

21 215÷2

22 324÷7

23 281÷4

24 862÷5

25 155÷4

26 379÷8

27 158÷7

스스로
평가

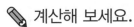 계산해 보세요.

1 577÷5

4 500÷3

7 673÷4

2 177÷2

5 531÷7

8 101÷9

3 914÷3

6 122÷7

9 266÷6

✏️ 계산해 보세요.

10 152÷5

16 817÷9

22 337÷5

11 254÷8

17 956÷6

23 228÷7

12 218÷3

18 139÷7

24 141÷4

13 975÷4

19 817÷5

25 101÷4

14 319÷7

20 148÷7

26 242÷9

15 161÷6

21 162÷8

27 335÷2

스스로 평가

111

✏️ 계산을 하여 몫은 ☐ 안에, 나머지는 ◯ 안에 써넣으세요.

1 833 → ÷9 → ☐ … ◯

6 217 → ÷4 → ☐ … ◯

2 617 → ÷2 → ☐ … ◯

7 497 → ÷3 → ☐ … ◯

3 133 → ÷5 → ☐ … ◯

8 317 → ÷6 → ☐ … ◯

4 276 → ÷7 → ☐ … ◯

9 596 → ÷8 → ☐ … ◯

5 881 → ÷3 → ☐ … ◯

10 189 → ÷2 → ☐ … ◯

✏️ 계산을 하여 몫은 ☐ 안에, 나머지는 ◯ 안에 써넣으세요.

11
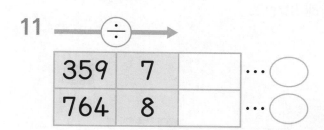

359	7		… ◯
764	8		… ◯

16
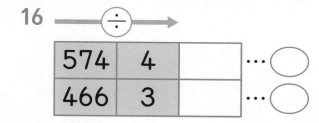

574	4		… ◯
466	3		… ◯

12
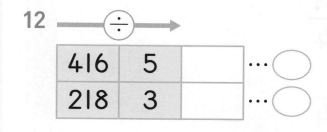

416	5		… ◯
218	3		… ◯

17
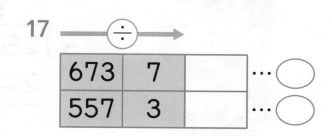

673	7		… ◯
557	3		… ◯

13
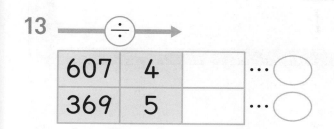

607	4		… ◯
369	5		… ◯

18
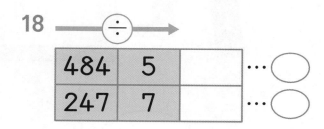

484	5		… ◯
247	7		… ◯

14
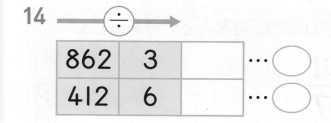

862	3		… ◯
412	6		… ◯

19
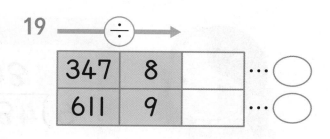

347	8		… ◯
611	9		… ◯

15
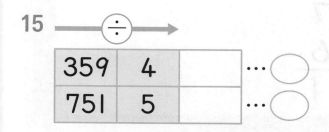

359	4		… ◯
751	5		… ◯

20
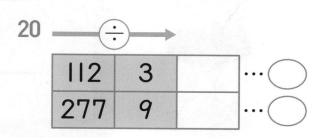

112	3		… ◯
277	9		… ◯

스스로 평가 😄 🙂 😞

두 친구가 잘못 계산한 것을 보고 바르게 계산해 보세요.

나눗셈식의 몫과 나머지를 구하여 더한 값을 찾아 선으로 이어 보세요.

215 ÷ 3

486 ÷ 5

432 ÷ 7

369 ÷ 4

98

93

73

66

✅ 장난감 자동차 4개는 전체의 몇 분의 몇인지 분수로 나타내어 보세요.

장난감 자동차 12개를 3묶음으로 묶으면 한 묶음에 장난감 자동차는 4개예요.

장난감 자동차 4개는 3묶음 중 한 묶음이므로 전체의 $\frac{1}{3}$이에요.

참고 $\frac{\blacktriangle}{\blacksquare}$에서 ■를 분모, ▲를 분자라고 하고 ■ 분의 ▲라고 읽어요.

예 $\frac{1}{3}$ ➡ 3분의 1, $\frac{4}{5}$ ➡ 5분의 4

✅ 분수로 나타내기

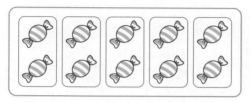

10을 2씩 묶으면 5묶음이 돼요.

· 2는 5묶음 중 1묶음이에요. ➡ 2는 10의 $\frac{1}{5}$

· 6은 5묶음 중 3묶음이에요. ➡ 6은 10의 $\frac{3}{5}$

전체를 ■묶음으로 묶은 것 중 ▲묶음 ➡ $\frac{▲}{■}$

✅ 전체에 대한 분수만큼은 얼마인지 구하기

12를 4묶음으로 묶으면 한 묶음은 3이에요.

➡ 12의 $\frac{1}{4}$ 은 3이에요.

➡ 12의 $\frac{1}{4}$ 은 3이므로 12의 $\frac{2}{4}$ 는 6, 12의 $\frac{3}{4}$ 은 9예요.
$\llcorner 3 \times 2 = 6$　　$\llcorner 3 \times 3 = 9$

✅ 진분수, 가분수, 대분수 알아보기

· $\frac{1}{5}$, $\frac{2}{5}$, $\frac{3}{5}$, $\frac{4}{5}$ 와 같이 분자가 분모보다 작은 분수를 진분수라고 해요.

· $\frac{5}{5}$, $\frac{6}{5}$, $\frac{7}{5}$ 과 같이 분자가 분모와 같거나 분모보다 큰 분수를 가분수라고 해요.

· 1과 $\frac{1}{3}$ 은 $1\frac{1}{3}$ 이라 쓰고, 1과 3분의 1이라고 읽어요.

· $1\frac{1}{3}$ 과 같이 자연수와 진분수로 이루어진 분수를 대분수라고 해요.
$\llcorner$ 1, 2, 3과 같은 수

117

✏️ 그림을 보고 ☐ 안에 알맞은 수를 써넣으세요.

1

12를 6씩 묶으면 ☐ 묶음이 됩니다.

6은 12의 $\dfrac{\square}{\square}$ 입니다.

2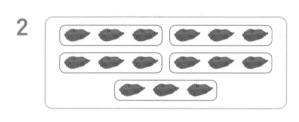

15를 3씩 묶으면 ☐ 묶음이 됩니다.

3은 15의 $\dfrac{\square}{\square}$ 입니다.

3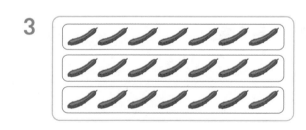

21을 7씩 묶으면 ☐ 묶음이 됩니다.

7은 21의 $\dfrac{\square}{\square}$ 입니다.

4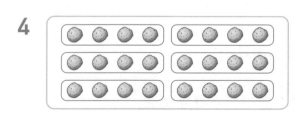

24를 4씩 묶으면 ☐ 묶음이 됩니다.

4는 24의 $\dfrac{\square}{\square}$ 입니다.

✏ 그림을 보고 ☐ 안에 알맞은 수를 써넣으세요.

5

16을 4씩 묶으면 ☐ 묶음이 됩니다.

4는 16의 $\dfrac{☐}{☐}$ 입니다.

6

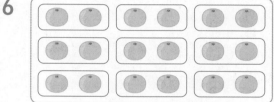

18을 2씩 묶으면 ☐ 묶음이 됩니다.

2는 18의 $\dfrac{☐}{☐}$ 입니다.

7

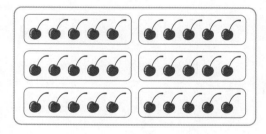

30을 5씩 묶으면 ☐ 묶음이 됩니다.

5는 30의 $\dfrac{☐}{☐}$ 입니다.

8

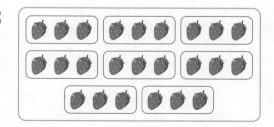

24를 3씩 묶으면 ☐ 묶음이 됩니다.

3은 24의 $\dfrac{☐}{☐}$ 입니다.

스스로 평가 😄 🙂 🙁

119

분수(1)

 그림을 보고 □ 안에 알맞은 수를 써넣으세요.

1

6의 $\dfrac{1}{2}$은 □ 입니다.

2

8의 $\dfrac{1}{4}$은 □ 입니다.

3

12의 $\dfrac{2}{4}$는 □ 입니다.

4

8의 $\dfrac{1}{2}$은 □ 입니다.

5

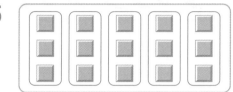

15의 $\dfrac{3}{5}$은 □ 입니다.

6

16의 $\dfrac{2}{4}$는 □ 입니다.

7

10의 $\dfrac{3}{5}$은 □ 입니다.

8

18의 $\dfrac{5}{6}$는 □ 입니다.

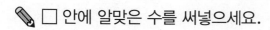
✏️ □ 안에 알맞은 수를 써넣으세요.

9　6의 $\frac{1}{3}$은 □ 입니다.

10　8의 $\frac{1}{2}$은 □ 입니다.

11　9의 $\frac{2}{3}$는 □ 입니다.

12　16의 $\frac{2}{8}$는 □ 입니다.

13　12의 $\frac{2}{4}$는 □ 입니다.

14　24의 $\frac{1}{8}$은 □ 입니다.

15　25의 $\frac{1}{5}$은 □ 입니다.

16　6의 $\frac{1}{2}$은 □ 입니다.

17　18의 $\frac{3}{9}$은 □ 입니다.

18　28의 $\frac{2}{7}$는 □ 입니다.

19　14의 $\frac{1}{2}$은 □ 입니다.

20　20의 $\frac{1}{4}$은 □ 입니다.

21　21의 $\frac{1}{7}$은 □ 입니다.

22　16의 $\frac{3}{4}$은 □ 입니다.

스스로 평가 😄 🙂 😞

121

분수(1)

✏️ 그림을 보고 ☐ 안에 알맞은 수를 써넣으세요.

1

4의 $\frac{1}{2}$은 ☐ 입니다.

2

12의 $\frac{1}{2}$은 ☐ 입니다.

3

12의 $\frac{2}{3}$는 ☐ 입니다.

4

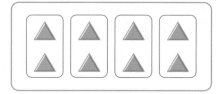

8의 $\frac{3}{4}$은 ☐ 입니다.

5

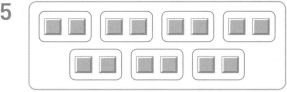

14의 $\frac{4}{7}$는 ☐ 입니다.

6

9의 $\frac{1}{3}$은 ☐ 입니다.

7

18의 $\frac{1}{6}$은 ☐ 입니다.

8

10의 $\frac{1}{2}$은 ☐ 입니다.

✏️ □ 안에 알맞은 수를 써넣으세요.

9　10의 $\dfrac{1}{5}$은 □ 입니다.

10　12의 $\dfrac{2}{3}$는 □ 입니다.

11　8의 $\dfrac{2}{4}$는 □ 입니다.

12　14의 $\dfrac{4}{7}$는 □ 입니다.

13　21의 $\dfrac{1}{3}$은 □ 입니다.

14　24의 $\dfrac{3}{8}$은 □ 입니다.

15　16의 $\dfrac{2}{4}$는 □ 입니다.

16　15의 $\dfrac{1}{3}$은 □ 입니다.

17　27의 $\dfrac{2}{9}$는 □ 입니다.

18　18의 $\dfrac{3}{6}$은 □ 입니다.

19　30의 $\dfrac{2}{5}$는 □ 입니다.

20　35의 $\dfrac{3}{7}$은 □ 입니다.

21　28의 $\dfrac{1}{4}$은 □ 입니다.

22　27의 $\dfrac{2}{9}$는 □ 입니다.

스스로 평가 😄 ☺️ 😞

✏️ 진분수는 '진', 가분수는 '가', 대분수는 '대'를 써 보세요.

1 $\dfrac{3}{7}$ (   )

2 $\dfrac{8}{5}$ (   )

3 $1\dfrac{1}{3}$ (   )

4 $\dfrac{14}{4}$ (   )

5 $\dfrac{37}{6}$ (   )

6 $6\dfrac{7}{9}$ (   )

7 $\dfrac{2}{3}$ (   )

8 $\dfrac{35}{3}$ (   )

9 $\dfrac{2}{5}$ (   )

10 $2\dfrac{1}{7}$ (   )

11 $4\dfrac{2}{3}$ (   )

12 $\dfrac{11}{5}$ (   )

13 $\dfrac{50}{7}$ (   )

14 $8\dfrac{3}{8}$ (   )

15 $1\dfrac{2}{3}$ (   )

16 $\dfrac{13}{4}$ (   )

17 $\dfrac{19}{5}$ (   )

18 $\dfrac{4}{6}$ (   )

19 $\dfrac{6}{7}$ (   )

20 $\dfrac{23}{3}$ (   )

21 $2\dfrac{1}{4}$ (   )

✏️ 진분수에는 ○표, 가분수에는 △표, 대분수에는 □표 하세요.

9주

22

$\dfrac{2}{9}$　　$\dfrac{7}{8}$　　$\dfrac{5}{4}$　　$2\dfrac{1}{7}$　　$\dfrac{9}{6}$

$3\dfrac{3}{4}$　　$\dfrac{5}{2}$　　$1\dfrac{2}{9}$　　$\dfrac{13}{10}$　　$1\dfrac{}{3}$

23

$\dfrac{7}{6}$　　$\dfrac{4}{11}$　　$\dfrac{9}{4}$　　$1\dfrac{3}{4}$　　$\dfrac{8}{9}$

$\dfrac{13}{9}$　　$1\dfrac{2}{3}$　　$\dfrac{2}{3}$　　$\dfrac{8}{3}$　　$2\dfrac{1}{2}$

24

$\dfrac{6}{7}$　　$3\dfrac{1}{2}$　　$\dfrac{9}{6}$　　$\dfrac{13}{7}$　　$1\dfrac{7}{8}$

$\dfrac{15}{6}$　　$\dfrac{2}{6}$　　$1\dfrac{1}{4}$　　$\dfrac{8}{9}$　　$\dfrac{7}{3}$

25

$\dfrac{11}{5}$　　$2\dfrac{1}{9}$　　$\dfrac{5}{8}$　　$\dfrac{7}{3}$　　$\dfrac{19}{5}$

$6\dfrac{1}{6}$　　$\dfrac{13}{4}$　　$8\dfrac{2}{5}$　　$\dfrac{6}{7}$　　$\dfrac{42}{5}$

스스로 평가　😆　🙂　🙁

✏️ 진분수는 '진', 가분수는 '가', 대분수는 '대'를 써 보세요.

1 $\dfrac{11}{7}$ (   )

8 $3\dfrac{2}{7}$ (   )

15 $\dfrac{3}{8}$ (   )

2 $2\dfrac{1}{8}$ (   )

9 $\dfrac{1}{2}$ (   )

16 $1\dfrac{3}{8}$ (   )

3 $1\dfrac{4}{7}$ (   )

10 $\dfrac{14}{5}$ (   )

17 $\dfrac{17}{9}$ (   )

4 $\dfrac{4}{8}$ (   )

11 $\dfrac{2}{3}$ (   )

18 $\dfrac{11}{5}$ (   )

5 $\dfrac{17}{6}$ (   )

12 $\dfrac{11}{3}$ (   )

19 $2\dfrac{5}{6}$ (   )

6 $\dfrac{1}{9}$ (   )

13 $2\dfrac{1}{2}$ (   )

20 $\dfrac{1}{4}$ (   )

7 $\dfrac{13}{9}$ (   )

14 $\dfrac{3}{4}$ (   )

21 $\dfrac{3}{7}$ (   )

✏️ 진분수에는 ◯표, 가분수에는 △표, 대분수에는 ☐표 하세요.

22

$\dfrac{17}{2}$ $\dfrac{3}{4}$ $2\dfrac{5}{6}$ $\dfrac{17}{7}$ $5\dfrac{1}{3}$

$\dfrac{15}{6}$ $\dfrac{5}{7}$ $\dfrac{17}{3}$ $1\dfrac{3}{7}$ $\dfrac{5}{6}$

23

$\dfrac{16}{3}$ $4\dfrac{1}{7}$ $\dfrac{29}{7}$ $\dfrac{5}{7}$ $\dfrac{21}{6}$

$\dfrac{7}{8}$ $\dfrac{2}{7}$ $\dfrac{17}{6}$ $1\dfrac{2}{5}$ $2\dfrac{1}{6}$

24

$1\dfrac{8}{9}$ $\dfrac{17}{8}$ $\dfrac{4}{5}$ $\dfrac{11}{5}$ $3\dfrac{3}{4}$

$\dfrac{15}{6}$ $\dfrac{2}{7}$ $\dfrac{1}{6}$ $3\dfrac{1}{3}$ $\dfrac{19}{4}$

25

$\dfrac{19}{6}$ $1\dfrac{1}{9}$ $3\dfrac{1}{2}$ $\dfrac{15}{4}$ $\dfrac{2}{5}$

$\dfrac{3}{7}$ $6\dfrac{1}{2}$ $\dfrac{11}{5}$ $2\dfrac{2}{3}$ $\dfrac{15}{7}$

9주

스스로 평가 😄 🙂 ☹️

✏️ 그림을 보고 □ 안에 알맞은 수를 써넣으세요.

- 모자를 쓴 학생은 전체의 $\frac{1}{2}$ 이므로 □ 명입니다.

- 빨간색 티셔츠를 입은 학생은 전체의 $\frac{1}{5}$ 이므로 □ 명입니다.

- 튜브를 가지고 있는 학생은 전체의 $\frac{1}{4}$ 이므로 □ 명입니다.

- 오리발을 신고 있는 학생은 전체의 $\frac{1}{8}$ 이므로 □ 명입니다.

✎ 호박 수의 $\frac{1}{3}$ 만큼 색칠해 보세요.

학교에서 은주네 집까지의 거리는 $1\dfrac{2}{5}$ km이고 서영이네 집까지의 거리는 $\dfrac{8}{5}$ km예요. 학교에서 집까지의 거리가 더 먼 학생은 누구인가요?

$1\dfrac{2}{5}$ [   ] [   ]

$\dfrac{8}{5}$ [   ] [   ]

$1\dfrac{2}{5}$ 는 $\dfrac{1}{5}$ 이 7개이므로 가분수로 나타내면 $\dfrac{7}{5}$ 이에요.

$\dfrac{7}{5}$ 은 $\dfrac{1}{5}$ 이 7개, $\dfrac{8}{5}$ 은 $\dfrac{1}{5}$ 이 8개이므로 $\dfrac{7}{5}$ 은 $\dfrac{8}{5}$ 보다 작아요.

➡ $\dfrac{7}{5} < \dfrac{8}{5}$ 이므로 $1\dfrac{2}{5} < \dfrac{8}{5}$ 이에요.

$1\dfrac{2}{5} < \dfrac{8}{5}$ 이므로 학교에서 집까지의 거리가 더 먼 학생은 서영이에요.

✅ 대분수를 가분수로, 가분수를 대분수로 나타내기

· $2\dfrac{5}{6}$를 가분수로 나타내기

자연수 1을 분모가 6인 가분수로 나타내면 $\dfrac{6}{6}$이므로 자연수 2는 $\dfrac{12}{6}$예요.

$2\times6=12$

$2\dfrac{5}{6}\begin{bmatrix} 2=\dfrac{12}{6} \rightarrow \dfrac{1}{6}\text{이 }12\text{개} \\ \dfrac{5}{6} \rightarrow \dfrac{1}{6}\text{이 }5\text{개} \end{bmatrix} \Rightarrow \dfrac{1}{6}\text{이 }17\text{개} \Rightarrow 2\dfrac{5}{6}=\dfrac{17}{6}$

· $\dfrac{15}{7}$를 대분수로 나타내기

$\dfrac{15}{7}\begin{bmatrix} \dfrac{14}{7}=2 \quad \text{자연수} \\ \dfrac{1}{7} \end{bmatrix} \Rightarrow 2\dfrac{1}{7} \Rightarrow \dfrac{15}{7}=2\dfrac{1}{7}$

진분수

참고 $■\dfrac{●}{▲} \Rightarrow \dfrac{■\times▲+●}{▲}$, $\dfrac{●}{▲} \Rightarrow ●\div▲=■\cdots★ \Rightarrow ■\dfrac{★}{▲}$

✅ 분모가 같은 가분수의 크기 비교
· 분자의 크기가 더 큰 분수가 더 커요.

➡ $\dfrac{7}{4}$과 $\dfrac{5}{4}$에서 7>5이므로 $\dfrac{7}{4}>\dfrac{5}{4}$예요.

✅ 분모가 같은 대분수의 크기 비교
· 자연수가 큰 쪽이 더 크고 자연수가 같으면 분자가 큰 쪽이 더 커요.

➡ $2\dfrac{1}{3}$과 $1\dfrac{2}{3}$에서 자연수가 2>1이므로 $2\dfrac{1}{3}>1\dfrac{2}{3}$예요.

➡ $3\dfrac{3}{4}$과 $3\dfrac{1}{4}$에서 자연수는 같고 분자가 3>1이므로 $3\dfrac{3}{4}>3\dfrac{1}{4}$이에요.

도전! 12분!

✎ 주어진 분수만큼 색칠하고 대분수는 가분수로, 가분수는 대분수로 나타내어 보세요.

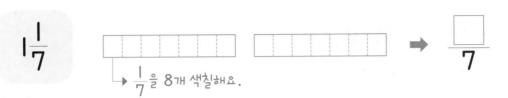

1 $1\dfrac{1}{7}$ ➡ $\dfrac{\square}{7}$

$\dfrac{1}{7}$을 8개 색칠해요.

2 $2\dfrac{2}{3}$ ➡ $\dfrac{\square}{3}$

3 $1\dfrac{3}{4}$ ➡ $\dfrac{\square}{4}$

4 $\dfrac{8}{5}$ ➡ $\square\,\dfrac{\square}{\square}$

5 $\dfrac{9}{4}$ ➡ $\square\,\dfrac{\square}{\square}$

6 $\dfrac{5}{3}$ ➡ $\square\,\dfrac{\square}{\square}$

✏️ 대분수는 가분수로, 가분수는 대분수로 나타내어 보세요.

10
주

7 $\dfrac{10}{8}$

8 $1\dfrac{3}{4}$

9 $\dfrac{21}{5}$

10 $1\dfrac{2}{3}$

11 $\dfrac{7}{2}$

12 $\dfrac{35}{11}$

13 $3\dfrac{4}{5}$

14 $\dfrac{31}{9}$

15 $5\dfrac{3}{7}$

16 $\dfrac{42}{5}$

17 $4\dfrac{1}{2}$

18 $\dfrac{50}{7}$

19 $6\dfrac{7}{9}$

20 $\dfrac{69}{8}$

21 $\dfrac{5}{3}$

22 $3\dfrac{1}{4}$

23 $\dfrac{17}{4}$

24 $2\dfrac{1}{5}$

25 $\dfrac{5}{3}$

26 $5\dfrac{2}{3}$

27 $\dfrac{19}{9}$

스스로 평가

도전! 12분!

✏️ 주어진 분수만큼 색칠하고 대분수는 가분수로, 가분수는 대분수로 나타내어 보세요.

1 $2\dfrac{3}{4}$ ➡ $\dfrac{}{4}$

2 $1\dfrac{1}{6}$ ➡ $\dfrac{}{6}$

3 $1\dfrac{3}{5}$ ➡ $\dfrac{}{5}$

4 $\dfrac{7}{2}$ ➡ $\square\dfrac{}{}$

5 $\dfrac{9}{6}$ ➡ $\square\dfrac{}{}$

6 $\dfrac{10}{7}$ ➡ $\square\dfrac{}{}$

✏️ 대분수는 가분수로, 가분수는 대분수로 나타내어 보세요.

7   $1\dfrac{1}{2}$

8   $\dfrac{39}{5}$

9   $3\dfrac{3}{4}$

10   $\dfrac{41}{3}$

11   $5\dfrac{5}{6}$

12   $\dfrac{5}{2}$

13   $7\dfrac{3}{8}$

14   $\dfrac{82}{9}$

15   $9\dfrac{3}{11}$

16   $\dfrac{9}{7}$

17   $2\dfrac{2}{3}$

18   $\dfrac{41}{6}$

19   $4\dfrac{1}{5}$

20   $\dfrac{16}{5}$

21   $6\dfrac{5}{7}$

22   $\dfrac{39}{4}$

23   $8\dfrac{4}{9}$

24   $\dfrac{29}{3}$

25   $10\dfrac{1}{2}$

26   $\dfrac{37}{2}$

27   $3\dfrac{2}{5}$

스스로 평가 😄 🙂 🙁

✏️ 두 분수의 크기를 비교하여 ○ 안에 >, =, <를 알맞게 써넣으세요.

1 $2\dfrac{6}{7}$ ○ $3\dfrac{2}{7}$

2 $1\dfrac{5}{8}$ ○ $1\dfrac{3}{8}$

3 $2\dfrac{5}{6}$ ○ $\dfrac{20}{6}$

4 $1\dfrac{5}{8}$ ○ $1\dfrac{7}{8}$

5 $\dfrac{30}{9}$ ○ $\dfrac{27}{9}$

6 $\dfrac{5}{2}$ ○ $3\dfrac{1}{2}$

7 $3\dfrac{1}{3}$ ○ $\dfrac{11}{3}$

8 $5\dfrac{1}{2}$ ○ $3\dfrac{1}{2}$

9 $\dfrac{18}{7}$ ○ $\dfrac{20}{7}$

10 $7\dfrac{1}{2}$ ○ $\dfrac{17}{2}$

11 $3\dfrac{1}{2}$ ○ $\dfrac{9}{2}$

12 $6\dfrac{1}{7}$ ○ $5\dfrac{6}{7}$

13 $1\dfrac{3}{8}$ ○ $\dfrac{11}{8}$

14 $\dfrac{3}{5}$ ○ $\dfrac{8}{5}$

15 $3\dfrac{3}{4}$ ○ $2\dfrac{3}{4}$

16 $5\dfrac{6}{7}$ ○ $\dfrac{41}{7}$

17 $\dfrac{3}{5}$ ○ $\dfrac{6}{5}$

18 $\dfrac{10}{9}$ ○ $\dfrac{7}{9}$

19 $\dfrac{5}{6}$ ○ $1\dfrac{1}{6}$

20 $\dfrac{7}{2}$ ○ $5\dfrac{1}{2}$

21 $\dfrac{28}{3}$ ○ $9\dfrac{1}{3}$

✏️ 더 큰 분수에 ○표 하세요.

22 $\frac{17}{8}$ $\frac{19}{8}$

(   )   (   )

23 $3\frac{1}{2}$ $4\frac{1}{2}$

(   )   (   )

24 $1\frac{6}{7}$ $1\frac{5}{7}$

(   )   (   )

25 $3\frac{2}{3}$ $\frac{22}{3}$

(   )   (   )

26 $\frac{9}{5}$ $1\frac{1}{5}$

(   )   (   )

27 $\frac{25}{9}$ $2\frac{5}{9}$

(   )   (   )

28 $\frac{17}{2}$ $9\frac{1}{2}$

(   )   (   )

29 $\frac{24}{7}$ $\frac{38}{7}$

(   )   (   )

30 $3\frac{1}{6}$ $2\frac{5}{6}$

(   )   (   )

31 $\frac{17}{4}$ $\frac{21}{4}$

(   )   (   )

32 $1\frac{2}{9}$ $1\frac{8}{9}$

(   )   (   )

33 $\frac{29}{8}$ $3\frac{1}{8}$

(   )   (   )

스스로
평가 😆 🙂 😞

분수 (2)

✏️ 두 분수의 크기를 비교하여 ○ 안에 >, =, <를 알맞게 써넣으세요.

1 $1\frac{5}{7}$ ○ $2\frac{1}{7}$

2 $2\frac{7}{8}$ ○ $2\frac{5}{8}$

3 $2\frac{5}{6}$ ○ $\frac{17}{6}$

4 $2\frac{5}{8}$ ○ $2\frac{1}{8}$

5 $\frac{64}{9}$ ○ $\frac{61}{9}$

6 $\frac{5}{2}$ ○ $\frac{3}{2}$

7 $\frac{11}{3}$ ○ $5\frac{2}{3}$

8 $5\frac{1}{3}$ ○ $3\frac{2}{3}$

9 $5\frac{4}{7}$ ○ $7\frac{5}{7}$

10 $\frac{19}{2}$ ○ $\frac{17}{2}$

11 $5\frac{1}{3}$ ○ $4\frac{2}{3}$

12 $6\frac{1}{5}$ ○ $5\frac{4}{5}$

13 $3\frac{3}{5}$ ○ $\frac{19}{5}$

14 $1\frac{4}{7}$ ○ $1\frac{1}{7}$

15 $5\frac{1}{4}$ ○ $\frac{21}{4}$

16 $7\frac{1}{7}$ ○ $6\frac{6}{7}$

17 $1\frac{1}{9}$ ○ $\frac{5}{9}$

18 $8\frac{1}{2}$ ○ $\frac{19}{2}$

19 $\frac{29}{3}$ ○ $9\frac{1}{3}$

20 $5\frac{1}{5}$ ○ $\frac{27}{5}$

21 $1\frac{5}{9}$ ○ $\frac{15}{9}$

✏️ 더 큰 분수에 ○표 하세요.

22
$\dfrac{9}{2}$ $\dfrac{11}{2}$

( ) ( )

23
$3\dfrac{1}{3}$ $2\dfrac{1}{3}$

( ) ( )

24
$3\dfrac{3}{4}$ $3\dfrac{1}{4}$

( ) ( )

25
$2\dfrac{3}{7}$ $\dfrac{19}{7}$

( ) ( )

26
$\dfrac{47}{5}$ $\dfrac{43}{5}$

( ) ( )

27
$5\dfrac{1}{6}$ $6\dfrac{5}{6}$

( ) ( )

28
$2\dfrac{7}{9}$ $\dfrac{23}{9}$

( ) ( )

29
$\dfrac{13}{10}$ $\dfrac{15}{10}$

( ) ( )

30
$1\dfrac{3}{7}$ $\dfrac{9}{7}$

( ) ( )

31
$5\dfrac{5}{6}$ $\dfrac{31}{6}$

( ) ( )

32
$\dfrac{38}{8}$ $\dfrac{41}{8}$

( ) ( )

33
$\dfrac{12}{7}$ $1\dfrac{1}{7}$

( ) ( )

도전! 10분!

✏️ 분수의 크기를 비교하여 가장 큰 분수에 ○표, 가장 작은 분수에 △표 하세요.

1
$\dfrac{7}{5}$ $\dfrac{11}{5}$ $\dfrac{4}{5}$

6
$1\dfrac{3}{4}$ $\dfrac{9}{4}$ $\dfrac{1}{4}$

2
$1\dfrac{3}{8}$ $2\dfrac{1}{8}$ $1\dfrac{7}{8}$

7
$3\dfrac{2}{5}$ $\dfrac{4}{5}$ $1\dfrac{1}{5}$

3
$1\dfrac{1}{2}$ $\dfrac{1}{2}$ $\dfrac{9}{2}$

8
$\dfrac{8}{7}$ $1\dfrac{4}{7}$ $\dfrac{3}{7}$

4
$4\dfrac{3}{7}$ $\dfrac{15}{7}$ $\dfrac{9}{7}$

9
$\dfrac{5}{3}$ $5\dfrac{1}{3}$ $\dfrac{22}{3}$

5
$\dfrac{5}{3}$ $\dfrac{19}{3}$ $8\dfrac{1}{3}$

10
$\dfrac{8}{9}$ $1\dfrac{1}{9}$ $\dfrac{19}{9}$

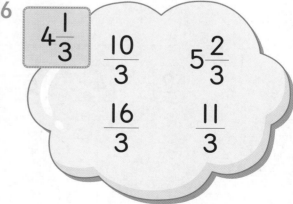

✏️ 왼쪽의 분수보다 큰 분수를 모두 찾아 ○표 하세요.

10주

11 $\dfrac{13}{8}$

$1\dfrac{4}{8}$　　$\dfrac{17}{8}$

$\dfrac{10}{8}$　　$2\dfrac{1}{8}$

14 $5\dfrac{3}{4}$

$\dfrac{17}{4}$　　$\dfrac{15}{4}$

$\dfrac{33}{4}$　　$6\dfrac{1}{4}$

12 $\dfrac{24}{7}$

$\dfrac{4}{7}$　　$4\dfrac{1}{7}$

$\dfrac{26}{7}$　　$3\dfrac{1}{7}$

15 $8\dfrac{5}{6}$

$\dfrac{85}{6}$　　$7\dfrac{5}{6}$

$\dfrac{71}{6}$　　$2\dfrac{5}{6}$

13 $\dfrac{41}{5}$

$9\dfrac{4}{5}$　　$\dfrac{21}{5}$

$8\dfrac{4}{5}$　　$4\dfrac{1}{5}$

16 $4\dfrac{1}{3}$

$\dfrac{10}{3}$　　$5\dfrac{2}{3}$

$\dfrac{16}{3}$　　$\dfrac{11}{3}$

스스로 평가 😊 🙂 ☹️

✏️ 주어진 수 카드로 만들 수 있는 가장 큰 대분수를 만들어 보세요.

1

| 1 | 3 | 2 |

$3\dfrac{\square}{\square}$

2

| 1 | 4 | 7 |

$\square\dfrac{\square}{\square}$

3

| 3 | 7 | 9 |

$\square\dfrac{\square}{\square}$

4

| 2 | 4 | 6 |

$\square\dfrac{\square}{\square}$

5

| 4 | 5 | 6 |

$\square\dfrac{\square}{\square}$

6

| 2 | 8 | 9 |

$\square\dfrac{\square}{\square}$

7

| 2 | 5 | 8 |

$\square\dfrac{\square}{\square}$

8

| 3 | 8 | 4 |

$\square\dfrac{\square}{\square}$

더 큰 분수 쪽으로 길을 따라가 보세요.

6권	자연수의 곱셈과 나눗셈 (2) / 분수	일차	표준 시간	문제 개수
1주	계산 결과가 세 자리 수인 (두 자리 수) × (두 자리 수)	1일차	10분	27개
		2일차	10분	27개
		3일차	12분	33개
		4일차	12분	33개
		5일차	10분	20개
2주	계산 결과가 네 자리 수인 (두 자리 수) × (두 자리 수)	1일차	10분	27개
		2일차	10분	27개
		3일차	12분	33개
		4일차	12분	33개
		5일차	10분	20개
3주	(몇십) ÷ (몇), (몇백몇십) ÷ (몇)	1일차	8분	33개
		2일차	8분	33개
		3일차	10분	35개
		4일차	10분	35개
		5일차	6분	22개
4주	내림이 없는 (두 자리 수) ÷ (한 자리 수)	1일차	8분	27개
		2일차	8분	30개
		3일차	10분	27개
		4일차	10분	33개
		5일차	12분	20개
5주	내림이 있고 나머지가 없는 (두 자리 수) ÷ (한 자리 수)	1일차	10분	27개
		2일차	10분	27개
		3일차	14분	30개
		4일차	14분	30개
		5일차	8분	18개
6주	내림이 있고 나머지가 있는 (두 자리 수) ÷ (한 자리 수)	1일차	12분	27개
		2일차	12분	27개
		3일차	16분	30개
		4일차	16분	30개
		5일차	10분	16개
7주	나머지가 없는 (세 자리 수) ÷ (한 자리 수)	1일차	10분	21개
		2일차	10분	21개
		3일차	15분	27개
		4일차	15분	27개
		5일차	14분	20개
8주	나머지가 있는 (세 자리 수) ÷ (한 자리 수)	1일차	12분	21개
		2일차	12분	21개
		3일차	17분	27개
		4일차	17분	27개
		5일차	15분	20개
9주	분수 (1)	1일차	4분	8개
		2일차	8분	22개
		3일차	8분	22개
		4일차	11분	25개
		5일차	11분	25개
10주	분수 (2)	1일차	12분	27개
		2일차	12분	27개
		3일차	15분	33개
		4일차	15분	33개
		5일차	10분	16개

자기 주도 학습력을 높이는
1일 10분 습관의 힘

1일 10분

초등 메가 계산력

6권

초등 **3**학년

자연수의 곱셈과 나눗셈 (2) / 분수

정답

메가스터디 BOOKS

1일10분

자기 주도 학습력을 높이는
1일 10분 습관의 힘

초등 메가
계산력

6권

초등 **3**학년

자연수의 곱셈과 나눗셈 (2) / 분수

정답

메가 계산력 이것이 다릅니다!

수학, 왜 어려워할까요?

쉽게 느끼는 영역	어렵게 느끼는 영역
작은 수	큰 수
덧셈	뺄셈
덧셈, 뺄셈	곱셈, 나눗셈
곱셈	나눗셈
세 수의 덧셈, 세 수의 뺄셈	세 수의 덧셈과 뺄셈 혼합 계산
사칙연산의 혼합 계산	괄호를 포함한 혼합 계산

분수와 소수

쉽게 느끼는 영역	어렵게 느끼는 영역
배수	약수
통분	약분
소수의 덧셈, 뺄셈	분수의 덧셈, 뺄셈
분수의 곱셈, 나눗셈	소수의 곱셈, 나눗셈
분수의 곱셈과 나눗셈의 혼합계산	소수의 곱셈과 나눗셈의 혼합계산
사칙연산의 혼합 계산	괄호를 포함한 혼합 계산

아이들은 수와 연산을 습득하면서 나름의 난이도 기준이 생깁니다. 이때 '수학은 어려운 과목 또는 지루한 과목'이라는 덫에 한번 걸리면 트라우마가 되어 그 덫에서 벗어나기가 굉장히 어려워집니다.

"수학의 기본인 계산력이 부족하기 때문입니다."

계산력, "플로 스몰 스텝"으로 키운다!

1일 10분 초등 메가 계산력은 반복 학습 시스템 **"플로 스몰 스텝(flow small step)"**으로 구성하였습니다. "플로 스몰 스텝(flow small step)"이란, 학습 내용을 잘게 쪼개어 자연스럽게 단계를 밟아가며 학습하도록 하는 프로그램입니다. 이 방식에 따라 학습하다 보면 난이도가 높아지더라도 크게 어려움을 느끼지 않으면서 수학의 개념과 원리를 자연스럽게 깨우치게 되고, 수학을 어렵거나 지루한 과목이라고 느끼지 않게 됩니다.

1. 매일 꾸준히 하는 것이 중요합니다.

자전거 타는 방법을 한번 익히면 잘 잊어버리지 않습니다. 이것을 우리는 '체화되었다'라고 합니다. 자전거를 잘 타게 될 때까지 매일 넘어지고, 다시 달리고를 반복하기 때문입니다. 계산력도 마찬가지입니다.

계산의 원리와 순서를 이해해도 꾸준히 학습하지 않으면 바로 잊어버리기 쉽습니다. 계산을 잘하는 아이들은 문제 풀이 속도도 빠르고, 실수도 적습니다. 그것은 단기간에 얻을 수 있는 결과가 아닙니다. 지금 현재 잘하는 것처럼 보인다고 시간이 흐른 후에도 잘하는 것이 아닙니다. 자전거 타기가 완전히 체화되어서 자연스럽게 달리고 멈추기를 실수 없이 하게 될 때까지 매일 연습하듯, 계산력도 매일 꾸준히 연습해서 단련해야 합니다.

2. 빠른 것보다 정확하게 푸는 것이 중요합니다!

초등 교과 과정의 수학 교과서 "수와 연산" 영역에서는 문제에 대한 다양한 풀이법을 요구하고 있습니다. 왜 그럴까요?

기계적인 단순 반복 계산 훈련을 막기 위해서라기보다 더욱 빠르고 정확하게 문제를 해결하는 계산력 향상을 위해서입니다. 빠르고 정확한 계산을 하는 셈 방법에는 머리셈과 필산이 있습니다. 이제까지의 계산력 훈련으로는 손으로 직접 쓰는 필산만이 중요시되었습니다. 하지만 새 교육과정에서는 필산과 함께 머리셈을 더욱 강조하고 있으며 아이들에게도 이는 재미있는 도전이 될 것입니다. 그렇다고 해서 머리셈을 위한 계산 개념을 따로 공부해야 하는 것이 아닙니다. 체계적인 흐름에 따라 문제를 풀면서 자연스럽게 습득할 수 있어야 합니다.

초등 교과 과정에 맞춰 체계화된 1일 10분 초등 메가 계산력의 **"플로 스몰 스텝(flow small step)"** 프로그램으로 계산력을 키워 주세요.

계산력 향상은 중 · 고등 수학까지 연결되는 사고력 확장의 단단한 바탕입니다.

1일

	6쪽					7쪽
1 585	5 756	9 322	13 432	18 572	23 812
2 528	6 516	10 864	14 486	19 286	24 704
3 525	7 518	11 946	15 570	20 806	25 144
4 952	8 806	12 884	16 450	21 504	26 168
			17 168	22 504	27 672

2일

	8쪽					9쪽
1 494	5 700	9 272	13 182	18 323	23 924
2 621	6 806	10 803	14 377	19 252	24 645
3 720	7 384	11 195	15 468	20 798	25 518
4 630	8 168	12 396	16 408	21 744	26 728
			17 273	22 722	27 196

3일

	10쪽					11쪽
1 372	5 506	9 902	13 210	20 544	27 442
2 888	6 576	10 850	14 567	21 936	28 312
3 540	7 486	11 650	15 759	22 288	29 987
4 800	8 540	12 608	16 308	23 945	30 816
			17 925	24 616	31 684
			18 650	25 688	32 240
			19 608	26 924	33 798

4일

1	525	5	675	9	432	
2	602	6	832	10	825	
3	544	7	210	11	546	
4	702	8	980	12	900	

13	324	20	630	27	289
14	533	21	936	28	312
15	546	22	988	29	876
16	864	23	645	30	812
17	496	24	686	31	714
18	832	25	858	32	672
19	896	26	408	33	726

5일

1	456	6	918
2	544	7	480
3	864	8	473
4	966	9	224
5	900	10	792

11	486	16	528
12	403	17	608
13	828	18	540
14	592	19	576
15	744	20	646

생각수학

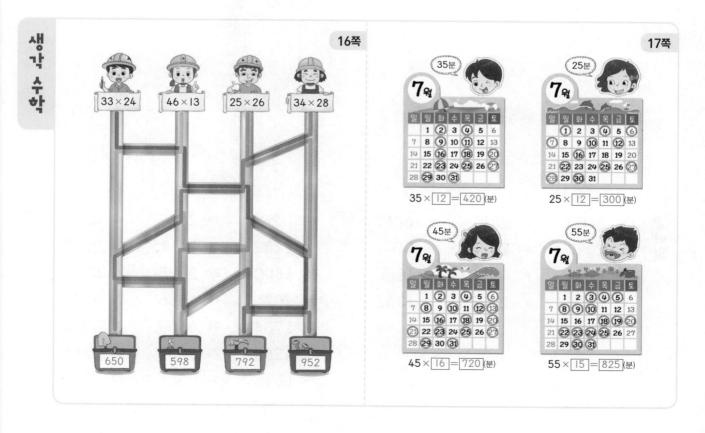

33 × 24 46 × 13 25 × 26 34 × 28

650 598 792 952

$35 × \boxed{12} = \boxed{420}$ (분)

$25 × \boxed{12} = \boxed{300}$ (분)

$45 × \boxed{16} = \boxed{720}$ (분)

$55 × \boxed{15} = \boxed{825}$ (분)

1일

								20쪽
1	2914	5	2236	9	5376			
2	2812	6	1938	10	5632			
3	3285	7	6392	11	6305			
4	3901	8	2850	12	5049			

						21쪽
13	3120	18	4256	23	1482	
14	2464	19	1802	24	7176	
15	3268	20	2328	25	1118	
16	2088	21	4144	26	6290	
17	1332	22	2967	27	2231	

2일

								22쪽
1	1701	5	2432	9	1232			
2	1530	6	2356	10	1428			
3	1870	7	2968	11	1716			
4	4884	8	4399	12	4224			

						23쪽
13	1764	18	2144	23	6975	
14	2772	19	5548	24	4104	
15	2331	20	4446	25	4212	
16	2205	21	6290	26	4672	
17	1760	22	2958	27	2812	

3일

								24쪽
1	3403	5	2418	9	6862			
2	2090	6	2035	10	2046			
3	1564	7	4278	11	1815			
4	1386	8	2496	12	1332			

						25쪽
13	1128	20	2385	27	4368	
14	2232	21	1898	28	2378	
15	4800	22	2625	29	8277	
16	2024	23	4836	30	4234	
17	2738	24	4559	31	4756	
18	4264	25	2784	32	3245	
19	1218	26	3312	33	1776	

4일

1	1089	5	7533	9	4814	13	2257	
2	3339	6	4650	10	1152	14	2886	
3	1665	7	2115	11	4524	15	3420	
4	3268	8	1900	12	5888	16	3948	

13 2257　20 5568　27 1978
14 2886　21 6460　28 2508
15 3420　22 2926　29 5402
16 3948　23 2124　30 8184
17 5440　24 6624　31 2736
18 6586　25 3025　32 1311
19 5335　26 3360　33 1311

5일

1 1305　6 1794　11 2014　16 4278
2 8096　7 2745　12 1044　17 2496
3 4368　8 2115　13 3618　18 3276
4 6248　9 4704　14 1079　19 6290
5 7084　10 5183　15 4536　20 3808

생각 수학

네이피어의 곱셈

$63 \times 42 = \boxed{2646}$

$52 \times 36 = \boxed{1872}$

$64 \times 27 = \boxed{1728}$

$43 \times 56 = \boxed{2408}$

$73 \times 23 = \boxed{1679}$

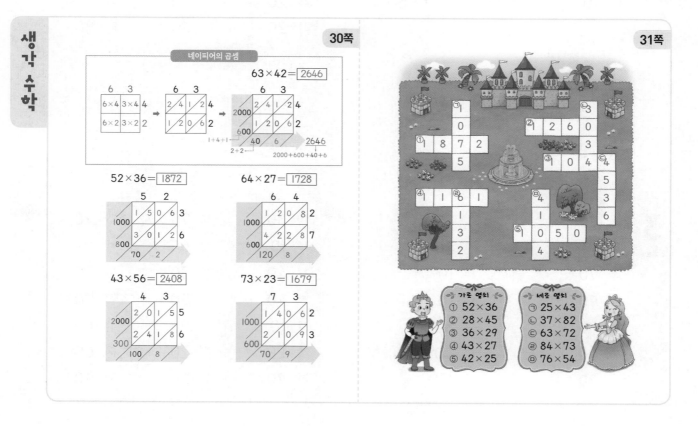

가로 열쇠
① 52×36
② 28×45
③ 36×29
④ 43×27
⑤ 42×25

세로 열쇠
㉠ 25×43
㉡ 37×82
㉢ 63×72
㉣ 84×73
㉤ 76×54

1일

34쪽

1	10	6	90	11	30
2	10	7	50	12	70
3	10	8	40	13	80
4	30	9	50	14	90
5	10	10	30	15	40

35쪽

16	20	22	40	28	90
17	20	23	80	29	40
18	10	24	90	30	30
19	20	25	70	31	60
20	60	26	90	32	50
21	90	27	40	33	60

2일

36쪽

1	10	6	90	11	40
2	10	7	40	12	70
3	20	8	30	13	30
4	30	9	40	14	60
5	10	10	80	15	50

37쪽

16	20	22	90	28	30
17	70	23	40	29	80
18	50	24	20	30	50
19	70	25	80	31	70
20	20	26	40	32	90
21	20	27	20	33	90

3일

38쪽

1	20	8	30
2	10	9	40
3	70	10	10
4	90	11	10
5	30	12	80
6	20	13	40
7	30	14	60

39쪽

15	80	22	70	29	90
16	10	23	60	30	10
17	40	24	30	31	70
18	40	25	50	32	70
19	10	26	90	33	60
20	20	27	20	34	60
21	70	28	80	35	90

4일

1	50	8	40
2	20	9	60
3	50	10	70
4	90	11	60
5	30	12	60
6	70	13	80
7	90	14	80

15	10	22	40	29	70
16	70	23	80	30	90
17	30	24	90	31	10
18	20	25	70	32	60
19	30	26	90	33	10
20	30	27	50	34	30
21	80	28	90	35	30

5일

1	20	6	30
2	70	7	50
3	60	8	10
4	60	9	30
5	80	10	50

11	30	17	60
12	70	18	50
13	80	19	30
14	40	20	60
15	40	21	90
16	90	22	20

생각수학

1일

48쪽

1	24	5	31	9	23	
2	21	6	22	10	32	
3	11	7	32	11	13	
4	42	8	12	12	22	

49쪽

13	12	18	43	23	14
14	33	19	41	24	22
15	34	20	12	25	13
16	11	21	11	26	23
17	21	22	21	27	11

2일

50쪽

1	23	4	42	7	11
2	24	5	22	8	23
3	31	6	12	9	12

51쪽

10	21	17	32	24	11
11	21	18	13	25	12
12	21	19	22	26	32
13	44	20	14	27	41
14	11	21	34	28	33
15	11	22	22	29	11
16	31	23	11	30	43

3일

52쪽

1	7…1	5	7…1	9	4…1
2	8…3	6	8…1	10	4…2
3	3…1	7	5…7	11	9…1
4	8…1	8	5…1	12	9…1

53쪽

13	6…7	18	9…2	23	9…2
14	9…1	19	8…2	24	5…2
15	7…2	20	9…3	25	5…3
16	9…2	21	6…3	26	8…4
17	5…2	22	6…4	27	7…6

4일

1 8···2	5 6···2	9 8···3	13 5···2	20 8···2	27 6···2
2 6···3	6 9···4	10 6···1	14 7···1	21 5···4	28 8···7
3 9···6	7 5···3	11 8···1	15 6···6	22 4···1	29 3···7
4 9···3	8 8···1	12 5···4	16 5···3	23 5···4	30 7···2
			17 2···5	24 9···1	31 6···2
			18 2···3	25 8···6	32 9···4
			19 8···3	26 4···1	33 6···3

5일

1 21	6 12
2 32	7 23
3 32	8 22
4 43	9 31
5 21	10 13

(위에서부터)

11 9, 2 / 4, 2	16 8, 2 / 9, 3
12 5, 3 / 6, 1	17 9, 5 / 7, 3
13 6, 4 / 9, 2	18 9, 5 / 4, 5
14 7, 3 / 6, 6	19 6, 3 / 8, 2
15 6, 3 / 8, 1	20 9, 1 / 9, 2

생각 수학

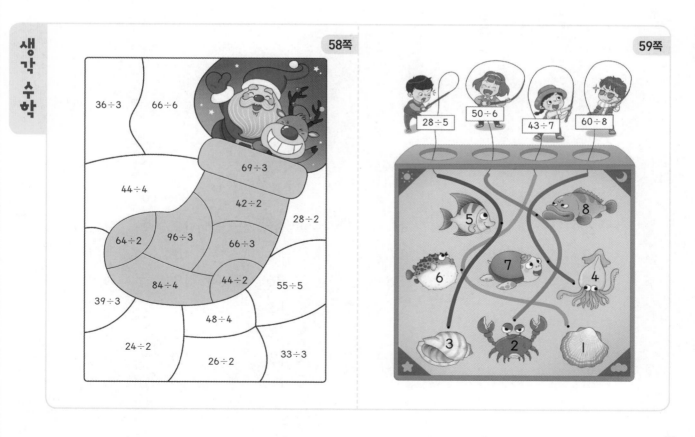

11

1일

62쪽

1	16	5	19
2	14	6	18
3	16	7	15
4	13	8	38

9	13
10	12
11	47
12	13

63쪽

13	14	18	17	23	19
14	36	19	27	24	24
15	19	20	25	25	16
16	18	21	23	26	28
17	18	22	16	27	29

2일

64쪽

1	17	5	17
2	26	6	25
3	35	7	24
4	48	8	17

9	37
10	15
11	13
12	12

65쪽

13	25	18	16	23	19
14	14	19	39	24	25
15	19	20	46	25	29
16	18	21	27	26	12
17	13	22	16	27	49

3일

66쪽

1	27	4	26	7	14
2	12	5	23	8	17
3	16	6	16	9	38

67쪽

10	12	17	19	24	25
11	15	18	18	25	19
12	36	19	19	26	15
13	13	20	16	27	17
14	18	21	18	28	12
15	17	22	37	29	29
16	13	23	27	30	46

<table>
<tr><td rowspan="3">4
일</td><td>1</td><td>17</td><td>4</td><td>14</td><td>7</td><td>13</td><td></td></tr>
<tr><td>2</td><td>14</td><td>5</td><td>13</td><td>8</td><td>49</td><td></td></tr>
<tr><td>3</td><td>13</td><td>6</td><td>19</td><td>9</td><td>25</td><td></td></tr>
</table>

10	18	17	46	24	24
11	19	18	14	25	18
12	48	19	29	26	16
13	12	20	38	27	14
14	23	21	26	28	18
15	12	22	13	29	47
16	27	23	24	30	14

<table>
<tr><td rowspan="5">5
일</td><td>1</td><td>13</td><td>6</td><td>38</td><td></td></tr>
<tr><td>2</td><td>18</td><td>7</td><td>14</td><td></td></tr>
<tr><td>3</td><td>18</td><td>8</td><td>16</td><td></td></tr>
<tr><td>4</td><td>17</td><td>9</td><td>26</td><td></td></tr>
<tr><td>5</td><td>13</td><td>10</td><td>17</td><td></td></tr>
</table>

(위에서부터)

11	28 / 12	15	28 / 14
12	24 / 48	16	26 / 13
13	18 / 36	17	12 / 16
14	12 / 24	18	49 / 14

생각수학

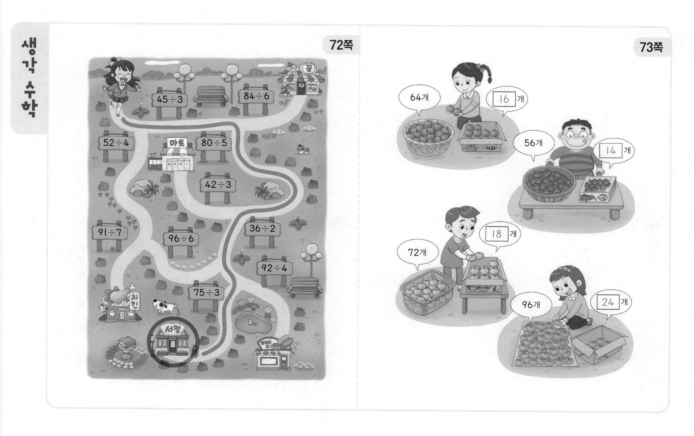

1일

1 11···5	5 28···1	9 17···2 `76쪽`	13 12···2	18 12···3	23 11···3 `77쪽`
2 25···1	6 12···3	10 15···4	14 15···1	19 16···3	24 16···1
3 19···2	7 12···3	11 15···2	15 15···3	20 29···1	25 11···4
4 14···2	8 16···1	12 12···2	16 28···2	21 18···3	26 12···4
			17 13···6	22 13···4	27 18···2

2일

1 11···5	5 16···3	9 27···1 `78쪽`	13 12···4	18 12···4	23 16···2 `79쪽`
2 17···3	6 12···3	10 19···2	14 17···1	19 13···1	24 45···1
3 18···1	7 14···2	11 11···6	15 14···4	20 13···4	25 25···2
4 24···2	8 48···1	12 17···3	16 26···1	21 16···4	26 24···3
			17 23···3	22 19···1	27 13···5

3일

1 14···2	4 12···3	7 16···2 `80쪽`	10 24···1	17 12···2	24 17···3 `81쪽`
2 12···1	5 16···1	8 19···1	11 17···2	18 14···4	25 25···1
3 12···5	6 12···2	9 13···4	12 13···3	19 13···2	26 12···6
			13 15···3	20 13···2	27 36···1
			14 12···4	21 14···5	28 18···3
			15 11···5	22 29···1	29 23···2
			16 11···3	23 19···2	30 16···1

4일

82쪽

1 12…3	4 12…3	7 14…1
2 15…2	5 17…4	8 13…1
3 28…2	6 12…4	9 11…4

83쪽

10 16…2	17 48…1	24 13…5
11 18…1	18 12…5	25 17…2
12 19…2	19 27…2	26 16…1
13 14…3	20 13…6	27 12…2
14 14…4	21 26…1	28 29…2
15 39…1	22 18…2	29 14…1
16 13…4	23 15…5	30 12…1

5일

84쪽

1 11, 3	6 12, 3
2 14, 2	7 13, 1
3 13, 4	8 16, 4
4 26, 2	9 14, 1
5 16, 3	10 43, 1

85쪽

(위에서부터)

11 4, 2, 18, 13, 15, 1, 2

12 1, 4, 29, 14, 17, 12, 3, 4

13 3, 5, 23, 15, 13, 11, 4, 7

14 5, 2, 13, 27, 16, 11, 3, 6

15 1, 1, 19, 38, 15, 25, 2, 2

16 4, 2, 14, 24, 12, 18, 2, 2

생각 수학

86쪽

87쪽

1일

1	112	4	123	7	152			**90쪽**
2	123	5	142	8	143			
3	112	6	139	9	145			

						91쪽
10	190	14	195	18	157	
11	152	15	144	19	268	
12	213	16	152	20	197	
13	146	17	216	21	147	

2일

1	152	4	116	7	132			**92쪽**
2	126	5	168	8	157			
3	196	6	117	9	195			

						93쪽
10	136	16	302	22	114	
11	123	17	132	23	213	
12	115	18	372	24	195	
13	457	19	276	25	157	
14	134	20	196	26	147	
15	286	21	135	27	137	

3일

1	94	4	95	7	98			**94쪽**
2	84	5	89	8	84			
3	91	6	92	9	93			

						95쪽
10	92	14	56	18	85	
11	63	15	88	19	94	
12	93	16	73	20	47	
13	19	17	94	21	32	

4일

96쪽

1	77	4	77	7	89
2	89	5	56	8	91
3	82	6	96	9	91

97쪽

10	33	16	65	22	94
11	87	17	32	23	58
12	67	18	94	24	83
13	69	19	85	25	36
14	94	20	19	26	47
15	84	21	88	27	58

5일

98쪽

1	124	6	82
2	314	7	88
3	157	8	46
4	103	9	87
5	116	10	97

99쪽

11	258	16	77
12	119	17	69
13	268	18	96
14	331	19	69
15	216	20	77

생각 수학

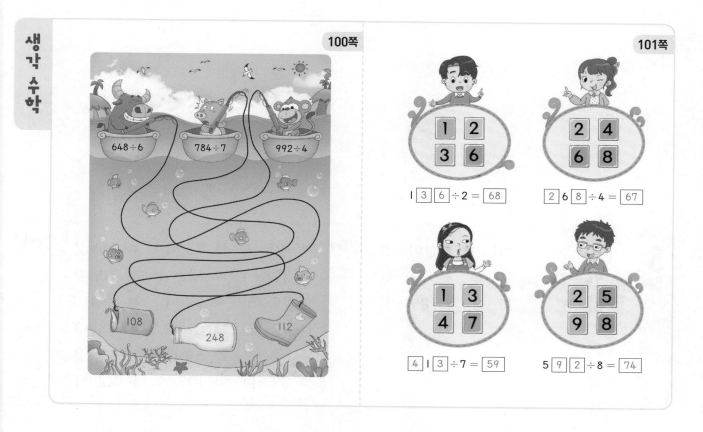

100쪽

648÷6 — 108
784÷7 — 112
992÷4 — 248

101쪽

1 ⬚3⬚ ⬚6⬚ ÷ 2 = 68

2 ⬚6⬚ ⬚8⬚ ÷ 4 = 67

4 ⬚1⬚ ⬚3⬚ ÷ 7 = 59

5 ⬚9⬚ ⬚2⬚ ÷ 8 = 74

1일

104쪽

1 129…2	4 298…1	7 136…1
2 59…1	5 61…3	8 61…3
3 58…4	6 54…6	9 82…5

105쪽

10 85…1	14 41…1	18 148…3
11 13…5	15 85…1	19 113…7
12 19…2	16 406…1	20 190…1
13 31…3	17 33…2	21 95…2

2일

106쪽

1 134…3	4 139…3	7 119…1
2 98…1	5 77…1	8 13…7
3 82…2	6 93…1	9 75…1

107쪽

10 235…1	14 68…7	18 79…1
11 129…2	15 188…1	19 27…3
12 122…4	16 17…1	20 40…1
13 184…1	17 66…1	21 60…7

3일

108쪽

1 114…3	4 271…1	7 128…5
2 94…2	5 74…4	8 79…5
3 81…3	6 77…3	9 87…2

109쪽

10 125…1	16 83…1	22 46…2
11 228…1	17 122…1	23 70…1
12 79…5	18 79…1	24 172…2
13 72…2	19 31…2	25 38…3
14 62…8	20 69…3	26 47…3
15 37…1	21 107…1	27 22…4

						110쪽
1	115…2	4	166…2	7	168…1	
2	88…1	5	75…6	8	11…2	
3	304…2	6	17…3	9	44…2	

						111쪽
10	30…2	16	90…7	22	67…2	
11	31…6	17	159…2	23	32…4	
12	72…2	18	19…6	24	35…1	
13	243…3	19	163…2	25	25…1	
14	45…4	20	21…1	26	26…8	
15	26…5	21	20…2	27	167…1	

				112쪽
1	92, 5	6	54, 1	
2	308, 1	7	165, 2	
3	26, 3	8	52, 5	
4	39, 3	9	74, 4	
5	293, 2	10	94, 1	

(위에서부터)   113쪽

11	51, 2 / 95, 4	16	143, 2 / 155, 1
12	83, 1 / 72, 2	17	96, 1 / 185, 2
13	151, 3 / 73, 4	18	96, 4 / 35, 2
14	287, 1 / 68, 4	19	43, 3 / 67, 8
15	89, 3 / 150, 1	20	37, 1 / 30, 7

생각 수학

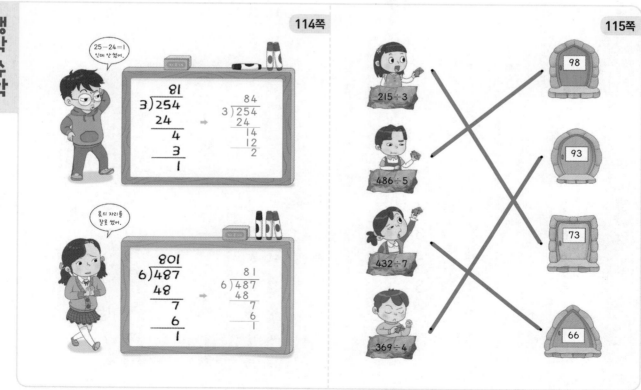

1일

118쪽

1 $2, \dfrac{1}{2}$

2 $5, \dfrac{1}{5}$

3 $3, \dfrac{1}{3}$

4 $6, \dfrac{1}{6}$

119쪽

5 $4, \dfrac{1}{4}$

6 $9, \dfrac{1}{9}$

7 $6, \dfrac{1}{6}$

8 $8, \dfrac{1}{8}$

2일

120쪽

1 3
2 2
3 6
4 4
5 9
6 8
7 6
8 15

121쪽

9 2
10 4
11 6
12 4
13 6
14 3
15 5
16 3
17 6
18 8
19 7
20 5
21 3
22 12

3일

122쪽

1 2
2 6
3 8
4 6
5 8
6 3
7 3
8 5

123쪽

9 2
10 8
11 4
12 8
13 7
14 9
15 8
16 5
17 6
18 9
19 12
20 15
21 7
22 6

124쪽

1 진	8 가	15 대
2 가	9 진	16 가
3 대	10 대	17 가
4 가	11 대	18 진
5 가	12 가	19 진
6 대	13 가	20 가
7 진	14 대	21 대

125쪽

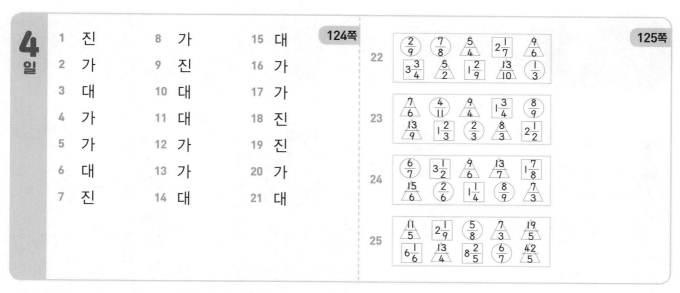

22
2/9	7/8	5/4	2 1/7	9
3 3/4	5/2	1 2/9	13/10	1/3

23
7/6	4/11	9/4	1 3/4	8/9
13/9	1 2/3	2/3	8/3	2 1/2

24
6/7	3 1/2	9/6	13/7	1 7/8
15/6	2/6	1 1/4	8/9	3

25
11	2 1/9	5/8	7/3	19/5
6 1/6	13/4	8 2/5	6/7	42/5

126쪽

1 가	8 대	15 진
2 대	9 진	16 대
3 대	10 가	17 가
4 진	11 진	18 가
5 가	12 가	19 대
6 진	13 대	20 진
7 가	14 진	21 진

127쪽

22
17/2	3/4	2 5/6	17/7	5 1/3
15/4	5/7	17/3	1 3/7	5/6

23
16	4 1/7	29/7	5/7	21/6
7/8	2/7	17	1 2/5	2 1/6

24
1 8/9	17/8	4/5	11/5	3 3/4
15/7	2/7	1/6	3 1/3	19/4

25
19/6	1 1/9	3 1/2	15/4	2/5
3/7	6 1/2	11/5	2 2/3	15/7

생각 수학

128쪽

- 모자를 쓴 학생은 전체의 $\frac{1}{2}$이므로 5 명입니다.
- 빨간색 티셔츠를 입은 학생은 전체의 $\frac{1}{5}$이므로 2 명입니다.

- 튜브를 가지고 있는 학생은 전체의 $\frac{1}{4}$이므로 2 명입니다.
- 오리발을 끼고 있는 학생은 전체의 $\frac{1}{8}$이므로 1 명입니다.

129쪽

21

1일

132쪽

1. 예 [그림] / 8
2. 예 [그림] / 8
3. 예 [그림] / 7
4. 예 [그림] / $1\frac{3}{5}$
5. 예 [그림] / $2\frac{1}{4}$
6. 예 [그림] / $1\frac{2}{3}$

133쪽

7. $1\frac{2}{8}$
8. $\frac{7}{4}$
9. $4\frac{1}{5}$
10. $\frac{5}{3}$
11. $3\frac{1}{2}$
12. $3\frac{2}{11}$
13. $\frac{19}{5}$
14. $3\frac{4}{9}$
15. $\frac{38}{7}$
16. $8\frac{2}{5}$
17. $\frac{9}{2}$
18. $7\frac{1}{7}$
19. $\frac{61}{9}$
20. $8\frac{5}{8}$
21. $1\frac{2}{3}$
22. $\frac{13}{4}$
23. $4\frac{1}{4}$
24. $\frac{11}{5}$
25. $1\frac{2}{3}$
26. $\frac{17}{3}$
27. $2\frac{1}{9}$

2일

134쪽

1. 예 [그림] / 11
2. 예 [그림] / 7
3. 예 [그림] / 8
4. 예 [그림] / $3\frac{1}{2}$
5. 예 [그림] / $1\frac{3}{6}$
6. 예 [그림] / $1\frac{3}{7}$

135쪽

7. $\frac{3}{2}$
8. $7\frac{4}{5}$
9. $\frac{15}{4}$
10. $13\frac{2}{3}$
11. $\frac{35}{6}$
12. $2\frac{1}{2}$
13. $\frac{59}{8}$
14. $9\frac{1}{9}$
15. $\frac{102}{11}$
16. $1\frac{2}{7}$
17. $\frac{8}{3}$
18. $6\frac{5}{6}$
19. $\frac{21}{5}$
20. $3\frac{1}{5}$
21. $\frac{47}{7}$
22. $9\frac{3}{4}$
23. $\frac{76}{9}$
24. $9\frac{2}{3}$
25. $\frac{21}{2}$
26. $18\frac{1}{2}$
27. $\frac{17}{5}$

3일

136쪽

1. <
2. >
3. <
4. <
5. >
6. <
7. <
8. >
9. <
10. <
11. <
12. >
13. =
14. <
15. >
16. =
17. <
18. >
19. <
20. <
21. =

137쪽

22. ( )(○)
23. ( )(○)
24. (○)( )
25. ( )(○)
26. (○)( )
27. (○)( )
28. ( )(○)
29. ( )(○)
30. (○)( )
31. ( )(○)
32. ( )(○)
33. (○)( )

4일

138쪽

1 <	8 >	15 =
2 >	9 <	16 >
3 =	10 >	17 >
4 >	11 >	18 <
5 >	12 >	19 >
6 >	13 <	20 <
7 <	14 >	21 <

139쪽

22 ( )(○)	28 (○)( )
23 (○)( )	29 ( )(○)
24 (○)( )	30 (○)( )
25 ( )(○)	31 (○)( )
26 (○)( )	32 ( )(○)
27 ( )(○)	33 (○)( )

5일

140쪽

1. $\frac{7}{5}$ ○$\frac{11}{5}$ △$\frac{4}{5}$
2. △$1\frac{3}{8}$ ○$2\frac{1}{8}$ $1\frac{7}{8}$
3. $1\frac{1}{2}$ △$\frac{1}{2}$ ○$\frac{9}{2}$
4. ○$4\frac{3}{7}$ $\frac{15}{7}$ △$\frac{9}{7}$
5. △$\frac{5}{3}$ $\frac{19}{3}$ ○$8\frac{1}{3}$
6. $1\frac{3}{4}$ ○$\frac{9}{4}$ △$1\frac{1}{4}$
7. ○$3\frac{2}{5}$ △$\frac{4}{5}$ $1\frac{1}{5}$
8. $\frac{8}{7}$ ○$1\frac{4}{7}$ △$\frac{3}{7}$
9. △$\frac{5}{3}$ $5\frac{1}{3}$ ○$\frac{22}{3}$
10. △$\frac{8}{9}$ $1\frac{1}{9}$ ○$\frac{19}{9}$

141쪽

11. $\frac{17}{8}$, $2\frac{1}{8}$에 ○표
12. $4\frac{1}{7}$, $\frac{26}{7}$에 ○표
13. $9\frac{4}{5}$, $8\frac{4}{5}$에 ○표
14. $\frac{33}{4}$, $6\frac{1}{4}$에 ○표
15. $\frac{85}{6}$, $\frac{71}{6}$에 ○표
16. $5\frac{2}{3}$, $\frac{16}{3}$에 ○표

생각수학

142쪽

1. 1 3 2 → $3\frac{1}{2}$
2. 1 4 7 → $7\frac{1}{4}$
3. 3 7 9 → $9\frac{3}{7}$
4. 2 4 6 → $6\frac{2}{4}$
5. 4 5 6 → $6\frac{4}{5}$
6. 2 8 9 → $9\frac{2}{8}$
7. 2 5 8 → $8\frac{2}{5}$
8. 3 8 4 → $8\frac{3}{4}$

143쪽

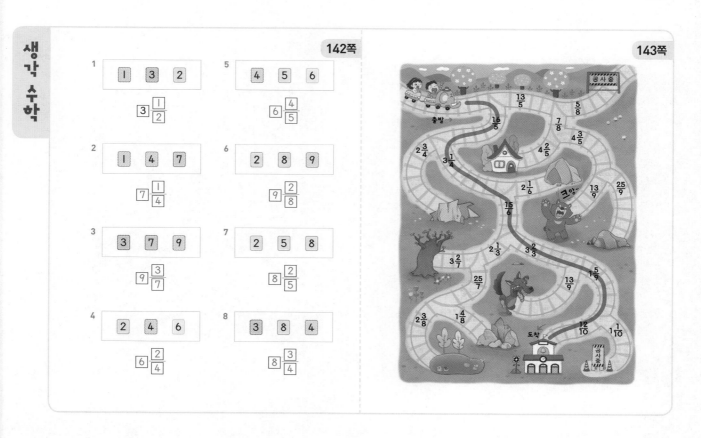

23

메모

1일 10분
초등 메가 계산력

정답

문장의 원리를 깨우치는 진짜 영문법!

초등 영문법
문장의 원리

Level 1 ~ 4
학습 대상 : 초등 2~6학년

영어 문장의 구성 원리를 깨우치는 5단계 Build Up!

Step 1 문장 원리 학습 ➤ Step 2 개념 퀴즈 체크 ➤ Step 3 빈칸 채우기 ➤ Step 4 종합 테스트

"문장의 원리를 적용한 통문장 만들기"

메가스터디 초등 영어 시리즈

초등 영단어 1200

Level 1 ~ 4

초등 영문법 쓰기

Level 1 ~ 4

브릿지 보카

Basic/Intermediate/Advanced